了不起
的科学

MATHMATICS
数学

奇妙 着迷 让孩子
的 数学

[日]柳谷晃 著　冯博 译

U0161670

中国纺织出版社有限公司

原文书名：ぼくらは「数学」のおかげで生きている
原作者名：柳谷晃
BOKURAWA "SUGAKU" NO OKAGEDE IKITEIRU by Akira Yanagiya
Copyright © Akira Yanagiya, 2015
All rights reserved.
Original Japanese edition published by JITSUMUKYOIKU-SHUPPAN Co.,Ltd.
Simplified Chinese translation copyright © 202* by China Textile & Apparel Press

This Simplified Chinese edition published by arrangement with
JITSUMUKYOIKU-SHUPPAN Co.,Ltd., Tokyo, through HonnoKizuna, Inc.,
Tokyo, and Shinwon Agency Co. Beijing Representative Office, Beijing
著作权合同登记号：图字：01-2022-0034

图书在版编目（CIP）数据

让孩子着迷的奇妙数学 /（日）柳谷晃著；冯博译
. --北京：中国纺织出版社有限公司，2022.3
　ISBN 978-7-5180-8993-2

Ⅰ. ①让… Ⅱ. ①柳… ②冯… Ⅲ. ①数学—青少年
读物 Ⅳ. ①O1-49

中国版本图书馆CIP数据核字（2021）第208179号

责任编辑：邢雅鑫　　责任校对：高　涵　　责任印制：储志伟

中国纺织出版社有限公司出版发行
地址：北京市朝阳区百子湾东里A407号楼　邮政编码：100124
销售电话：010—67004422　传真：010—87155801
http://www.c-textilep.com
中国纺织出版社天猫旗舰店
官方微博 http://weibo.com/2119887771
天津千鹤文化传播有限公司印刷　各地新华书店经销
2022年3月第1版第1次印刷
开本：880×1230　1/32　印张：6.25
字数：93千字　定价：39.80元

序言

写这本书，为的是让读者能够对从前的人们是如何运用数学，如今的人们又是如何运用数学有一个较为清楚的认识。

我认为，从前人们的生活与数学的关系十分之紧密，远胜当今社会。特别是对于当政者来说，数学更是治理国家必不可少的一种重要手段。比如说，想要建造大型的金字塔，对"毕达哥拉斯定理（勾股定理）"的灵活运用就不可或缺。而那些参加过金字塔建造的人们，将建造金字塔的技术带回自己的村子，并运用至平常的生活中，最终使全体社会的知识和技术产生进步。

数学拥有着悠久的历史。它与人类一同进步，时常还会有崭新的运用手法被发明出来，这些都是无数人智慧的结晶。就像大家平时理所当然使用着的阿拉伯数字，也并非一朝一夕就被创造出来的。

古代人并不具备将未知数假设为"x"的思维模式。这种方式一直到使用文字来表示数字的大约 500 年后才逐渐被人们掌握，这都是一代又一代的天才们倾注了无数心血后的成果。

此外，数学正是人类在一次又一次面临各种危机关头时发展起来的。在那个黑死病横行欧洲的时代，在人们因为不知道其感染渠道而倍感苦恼之际，就已经有杰出的人将牛顿和莱布尼茨刚刚发明的微积分概念应用到了感染模型中。

即使大家并非十分热爱数学也没有关系，即使感受不到一些数学家和学校老师所言的"数学之美"也没有关系。但是，如果一个国家中有越来越多的人意识到运用数学的重要性，那么这个国家的实力必定会逐渐强大。100个人中只有1个人懂得微积分的国家，和10个人中就有1个人懂得微积分的国家，孰强孰弱，不言而喻。

当今学校的教育，其实也应该是为了提升社会全体水平而存在的，可是，现实却没有那么多时间去教导学生如何运用数学。无论如何，人们每天切切实实地都在享受着数学给我们带来的恩惠。在当今社会，数学仿佛和人们的日常生活渐行渐远，逐渐被大家忽视。因此，我希望大家可以通过本书重新认识到数学对我们的重要性。

本书的出版，得到了实务教育出版社（日本）的佐藤金平先生各方面的悉心指导，在此借机表达我诚挚的感谢。

　　我希望所有人能够认识到，数学是能够给人们带来幸福的，大家掌握的数学知识越多，这个社会就会变得更加美好。

柳谷晃

目录

"公理"和"定理"到底是什么

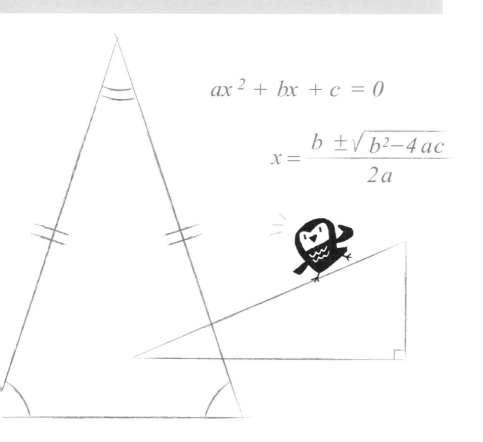

$$ax^2 + bx + c = 0$$

$$x = \frac{b \pm \sqrt{b^2 - 4ac}}{2a}$$

▼ 先从"词语"开始

大家开始学习数学时，首先要做的事情就是记住已经规定好的事情。如果做不到这一点，就什么也办不成。特别是一开始，最需要记住的就是数学中的"词语"。

一提到"笔"，有些人可能会想起签字笔，而有些人则可能会想起圆珠笔或者铅笔。在学习数学的过程中，大家必须要极力避免出现这种每个人认知不一的现象。因此，我们必须要在一开始就决定好"笔"这个词具体指代的是什么。

这在数学中被称为**"定义"**。没有定义的存在，就无法正确地向人们传达这些词语具体代表的意思。对于同一个词语，如果不同的人都拥有不同的想法，那么随后对此做出的反应也必然会有所分歧。

世间各种各样的领域都会使用各自的术语，其目的就是为了向人们正确传达想要表述的概念。大家有可能会觉得术语中的词语晦涩难懂，但是只要记住这些词语，就能够正确理解其中的内容。可以说，正是因为有了定义，才避免了混乱滋生。

举个例子，等腰三角形的定义是"至少有两边相等的三角形"（请参照下图）。

从定义的内容大家就可以很清楚地了解到这类三角形拥有的性质。

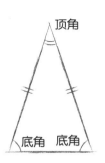

● 等腰三角形的"定义"

至少有两边相等的三角形。

● 等腰三角形的"定理"

等腰三角形的两个底角相等。

▼ 如何区分公理、定理和公式?

在数学中,除了"定义"之外,还有"公理""定理"和"公式"等词语。大家可能或多或少听说过这些词语,但是真正理解其中区别的人却少之又少。那么,这些词语之间到底有些什么关系呢?

首先,请看一看古希腊数学家欧几里得所著的著名数学书《几何原本》中的一些公理。

● 欧几里得《几何原本》中的"公理"

1. 等于同量的量彼此相等。
2. 等量加等量,其和相等。
3. 等量减等量,其差相等。
4. 不等量加等量,其和不等。
5. 等量的两倍量相等。
6. 等量的一半相等。
7. 彼此能重合的物体是全等的。
8. 整体大于部分。
9. 过两点能作且只能作一直线。

可以看出，列出的都是一些大家可能会觉得"理所当然的、谁都知道是正确的"东西。人们运用这些公理，从定义中推导出的内容就叫作**"定理"**。

请再来看等腰三角形的例子。

"等腰三角形的两个底角相等"，这就是定理。这个定理的内容是从三角形的定义中证明出来的。像这样由定义推导出定理的过程，人们称为**"证明"**。而在证明定理的过程中，类似"大家公认的"内容和规定就被称为**"公理"**。

在高等数学中，甚至还会有一些乍一看绝对不可能成立的公理。人们在判断某句话在数学的理论中是否有意义时，就是通过看以这些公理为起点推导出的内容是否正确。换句话说，某句话或者某篇文章摆在面前时，其中内容不是正确就是错误，这种思想被人们称为"数学无矛盾性"。

通过上述讲解，大家应该已经能够区分"定义"和"定理"的概念了——定义就是确定一个词语的意思，无需任何证明；定理则是从定义出发，必须通过使用公理来证明的东西。在证明的过程中，也可以使用其他已经被成功证明过的定理。在人们经常使用的定理中，十分便于计算的就被称作**"公式"**。在学习数学之前，大家一定要先分清楚"公理""定理""公式""定义"的概念，并理解它们的含义。

▼ 未成公理的公设

之前为大家介绍的欧几里得在《几何原本》中提出的公理，是世人都达成了共识的理论。然而，凡事总有例外。理论复杂，想要所有人达成共识，大家就必须要拥有相当程度的知识才行，因为公理中阐述的内容本身会变得复杂。

其中的一个例子，就是**"平行公设"**。乍一看词语本身，好像并没有什么深奥之处。然而，就是这样一个内容，欧几里得至死都未能成功在《几何原本》中将其证明出来。

● 欧几里得的平行公设（第五公设）

同一平面内一条直线和另外两条直线相交，若在直线同侧的两个内角之和小于 180°，则这两条直线经无限延长后在这一侧一定相交。

因此，这个理论最终未能成为公理，而是被归结进了更趋近于定理的一种分类，其名称也并非"平行公理"，而是"平行公设"。

▼ 第五公设为何如此重要？

一般来说，"平行线指的是在同一平面内，不相交的两条直线"这个定义本身没有任何问题。

那么，两条直线在什么情况下才会不相交呢？思考这个问题，我们就会用到前文提到的公理，和接下来为大家讲述的公设的概念。

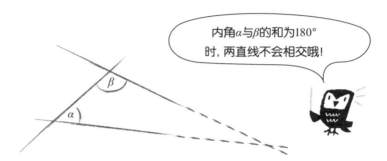

内角 α 与 β 相加正好等于 $180°$ 时，两条直线不会相交。看到这里大家是不是想说，"欧几里得直接把此内容写成第五公设就好了"，但是这个理论却无法被证明，甚至在后来还引发了几何史上最著名的长达两千多年的讨论。

其他公设的内容都十分简短，因此，第五公设的内容在《几何原本》中就显得十分醒目。在此，我们再来看一看欧几里得提出的所有公设的内容。

1. 过两点能作且只能作一条直线。

2. 任意线段可以无限地延长。

3. 以任一点为圆心，任意长为半径，可作一圆。

4. 凡是直角都相等。

5. 同一平面内一条直线和另外两条直线相交,若在直线同侧的两个内角之和小于 180°,则这两条直线经无限延长后在这一侧一定相交。

第 1~4 条公设的内容,应该没有任何人会提出异议。第 5 条公设按理来说应该也是理所当然的,但是因为该条看起来比其他的要长很多,所以其中的内容必定没有这么简单。因此,后世的数学家们认为"欧几里得应该是想要将第五公设定为定理,想要证明其中的内容"也是无可厚非的。

那么,欧几里得为何如此想要证明出第五公设呢?那是因为,在几何学中,有许多重要的定理都与第五公设互有等价的关系。等价,指的是关于定理 A 和 B,有如下关系成立:

由 A 能够证明出 B。

由 B 能够证明出 A。

当这两个关系同时成立时,人们就称定理 A 与定理 B 等价,因为它们能够相互证明出对方,因此它们在数学中代表的意义也相同。

下述几条都是与欧几里得的第五公设等价的定理,也是中学几何学中的几个核心定理。

过直线外一点有且只有一条直线与已知直线平行。

三角形的内角和等于 180°。

两直线平行，同位角相等。

虽然还有很多其他的定理，但是仅仅通过这三条，大家就能够清楚认识到与第五公设等价的定理有多么重要了，所以数学家们想要证明第五公设也情有可原。只是，他们的所有尝试均以失败告终，甚至有人认为"是不是根本就无法证明呢"？

就在这样的背景下，罗巴切夫斯基和波尔约在假设第五公设不成立的前提下，创建了新的几何体系——非欧几里得几何。一个全新的数学领域，就在他们对人们认为理所当然的事物不断提出质疑的过程中诞生了。

▼ 拥有悠久历史的定理——将数学运用于生活

在所有的数学定理中，没有什么定理能够比毕达哥拉斯定理（勾股定理）更有名了。就算是不知道具体内容的人，至少也曾听说过这个定理的名字，甚至有部分人认为，这个定理是全人类使用的第一个定理。

顺带一提，"毕达哥拉斯"听上去像是一位哲学家的名字，但据说他其实是一个被称作毕达哥拉斯学派的宗教团体的创始人。

在历史的长河中，世界四大文明古国也曾使用过毕达哥拉斯定理。古埃及曾经通过使用这个定理来保证金字塔等建筑物不至于被建歪；中国在黄河文明时期，也曾经为了建造桥梁而使用这个定理来测绘河流的宽度。

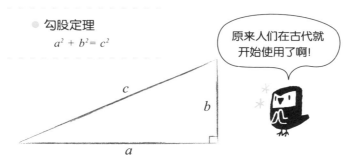

● **勾股定理**
$$a^2 + b^2 = c^2$$

原来人们在古代就开始使用了啊!

而这些时代，都存在于毕达哥拉斯出生以前。换句话说，早在这个定理被取名为"毕达哥拉斯定理"之前，人们就已经知道了这个定理的存在。

不过，虽然他们当时就知道了这个定理，但应该并不知道它的证明方法吧。甚至还有人认为，就连毕达哥拉斯也不一定知道。

▼ 木匠们也视为珍宝的勾股定理

勾股定理不仅可以用来制作垂线，而且还能用来测量两点间的距离。木匠们会利用这个定理，通过直角三角形求平方根的方法来测量距离。在这里，让我们试着用开平方（求平方根）的方法来算一算其中一边的长度。其实，只需要使用勾股定理制作出一个能够求出边长的直角三角形就好了。

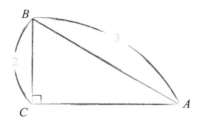

如图所示，我们画一个直角三角形，令∠C为直角，斜边 AB=3，高 BC=2。

于是，根据勾股定理可以得知：

$CA^2=AB^2-BC^2=3^2-2^2=9-4=5$

由此可以算出 $CA=\sqrt{5}$。因此，最初只需要利用角尺画一条高为 2 的线段 BC，再从 C 点出发画一条垂线。接下来，从 B 点出发，画一条长度为 3 的线与垂线相交于 A 点，即 AB=3。如此，就画好了一个底边为 $\sqrt{5}$ 的直角三角形。

原来，从木匠们的智慧中也依稀可见勾股定理的影子。

▼ 为了求面积、体积才被发明出来的一元二次方程

人类求解一元二次方程的历史，可以追溯到很久很久以前。在历史上，底格里斯河和幼发拉底河两河流域的古巴比伦文明、尼罗河流域的古埃及文明、黄河流域的中国古代文明和印度河流域的古印度文明都留下了使用一元二次方程解决问题的记录。

比如说，早在公元前 1650 年左右的古埃及时期，雅赫摩斯王朝的纸莎草纸❶上就已经出现了一元一次方程和一元二次方程的记载。在卡洪城遗迹发现的底比斯纸莎草纸上，就记载着下述一元二次方程的问题：

"两个正方形的边长之比为 $1:\dfrac{3}{4}$，令它们面积之和等于 100。"

换句话说，这个问题的内容是"请让这两个正方形的面积相加等于 100"。由题目可以想象，这道题应该是为了求土地的边长。想要解开这个问题，不可能去实际测量。因此，只能通过解方程的手段来求。

面积或者体积之所以如此重要，是因为根据它们的大小不同，需要缴纳的税金、年贡也不同。即使是那些古代

---

❶　纸莎草纸，对纸莎草这种植物做一定处理而做成的书写介质。

的文明，也同样实行着类似丰臣秀吉时期的太阁检地❶那种对土地的测量与调查制度。

此外，用来储存谷物的建筑大小也十分关键。如果不事先把握好仓库能够保管多少谷物，等到真正用于保管时，就可能会发生装不下的尴尬事件。而这种事情，只需要事先求出仓库的体积就能够完美解决了。像这样，面积和体积同样也是古代人们身边的"量"。

▼ 使用文字来表示数字的想法的诞生

在古代文明中，将一元二次方程的问题记载在泥板书❷或纸莎草纸上的理由，想必大家应该也知道。

那么，这些问题的解答方法究竟是如何书写的呢？实际上，就仅仅是简单的类似"请将这个数字和这个数字组合起来"这样的文字（数字使用的是实际的数值）。利用这种方法解答各种各样的一元二次方程，需要相当程度的学习与智慧。日本江户时代的和算教科书也与之相似——只有一些简单的解题方法的说明和答案。

---

❶ 太合检地，即丰臣秀吉在日本全国推行的检地。——译者注

❷ 泥板书，指书写在粘土板上，是古代西亚地区的一种文字记录。

大家在学校学习一元二次方程时，学的应该是一元二次方程的求根公式，而不是使用实际的数值去解答的这种方法。

● 一元二次方程

$$ax^2 + bx + c = 0$$

● 一元二次方程的求根公式

$$x = \frac{-b \pm \sqrt{b^2 - 4ac}}{2a}$$

这个公式，最早是弗朗索瓦·韦达提出来的。在公元16世纪，韦达作为法律顾问，服务过法兰西国王亨利三世与亨利四世。他的成就远不仅仅是提出了一元二次方程，其他还有如创设了在天文学中经常会被使用到的球面三角、圆周率的精确计算和密码分析等。

那么，韦达提出的求根公式到底带来了什么影响呢？如上图所示，那就是可以使用系数 a，b，c 来计算一元二次方程的解。这在20世纪50年代前是无法实现的。原因是，当时还没有使用字母来代表系数的思维方式。"仅仅用字母 a，就能够代表任意数字"的想法简直是惊世骇俗。因此，当时就只有"用这个数和那个数组合"这样的实际计算进行求解并解释这种求解的方法。

也许许多人会觉得使用字母代表系数的方法十分烦琐，但其实事实正好相反。举一个简单的例子：一个系数为"1.9057"的公式和系数为"a"的公式，哪一个比较简单呢？毫无疑问，肯定是后者。

而且，使用字母表示系数，可以将任意一个等式都表现为一元二次方程的形式，这就是人们常说的**一般式方程**。此外，使用这种方法还能够解开所有的一元二次方程。如果以实际的数字为系数去列出所有的一元二次方程，那恐怕花上几千年都写不完吧。

在求根公式中使用了根号（$\sqrt{\ }$），因此，想要掌握这个公式，还必须要了解平方根的概念。不过，只要学习了这个概念，即使是不擅长数学的人也能够轻而易举地解开一元二次方程。换句话说，多亏了天才韦达，才能让任何一个普通人通过努力，就可以轻松解开一元二次方程。

韦达提出的使用字母来表示所有数字的想法，使数学有了飞跃性的进步。要知道这并不是一件容易的事情——大家平时理所当然使用的数学上的表达方式，其实都是无数天才经过不懈努力之后换来的结果。所以，大家在运用这些公式时，一定要对这些先贤心怀感恩的心，好好珍惜。

▼ 自然数、整数、分数、小数

人类从婴儿开始逐渐成长到一定程度，就会将自己与他人区分开来。有一种说法认为这缘于对"2"这个数字的认识。随着婴儿长大，他们会渐渐认识 1，2，3，4，5，以及越来越多的数字，这就是人们常说的**自然数**。

一般的日本教科书上，都会写着"自然数是从 1 开始的"，但是也有一些数学家主张"自然数应该从 0 开始"。虽然有一部分原因是为了迎合数学中的研究，才选择对研究有利的定义，但这也从侧面说明了，教科书中记载的东西并不一定是完全正确的。❶

在日本，上了中学以后，0 就被归结为自然数，学生也开始学习负数。…，−3，−2，−1，0，1，2，3，…这样的数，我们称为**整数**。整数之间使用"＋""−""×"的运算之后，得到的答案也会是整数。但是，如果进行"÷"的运算，就会发生奇怪的事情——得到的答案有可能并非整数。接下来，请大家回想在小学阶段学的第一个除法运算，如：

"假设要将 17 个橘子平均分给 5 个人，每人能够分到几个？最终还会剩下几个橘子呢？"

---

❶ 我国的小学数学教材中提到"0 也是自然数""最小的自然数是 0"。

这道题，用 17 除以 5，就可以得到下列算式：

$$17 \div 5 = 3 \cdots 2$$

可以知道，答案是每人可以分到 3 个，最终会剩下 2 个橘子。其中，"3"被称为 17 除以 5 所得的**商**；"2"则被称为**余数**。

在这个问题中，因为有橘子和人的出现，所以用的是"每人分到○个，最终剩下△个"的表达方式。而如果仅仅考虑 17 除以 5 的情况，就可以用下列形式的数字来表示答案。

$$\frac{17}{5} = 3\frac{2}{5}$$

这种数被称为**分数**。整数当中没有这种形式的数。其他还有诸如 $\frac{2}{3}$、$\frac{9}{7}$ 和 $\frac{4}{2}$ 等也都是分数。如同 $\frac{4}{2}$ 等于 2 一般，整数也可以用分数的形式来表示。

像这样以两个整数之比的形式来表示的数，就叫作**有理数**。

此外，还有另外一种方法也可以表示分数。像 3.4 这样，使用小数点来表示的数叫作**小数**。5 除以 2 得到的数，以小数形式可以写成 2.5，以分数形式则应写成 $\frac{5}{2}$。

有理数是由两种小数组成的，其中一种是像 2.5 这样，小数点以后的位数有限，人们称为**有限小数**（$\frac{17}{5}$=3.4）；另一种则是从小数点后的某一位开始，依次不断地重复出现前一个或一节数字的**循环小数**（ $\frac{7}{11}=0.636363\cdots$ ）。

● 实数

有理数 ……有限小数和循环小数

无理数 …… 无限不循环小数

有理数里面还包含了整数呢

除此之外，还有一种是小数点后有无限多个数字且排列并不具有规则性的小数。类似 $\sqrt{3}=1.73205\cdots$ ，$\pi=3.141592\cdots$ ，我们称之为**无理数**。有理数与无理数一起组成**实数**。实数的定义为与数轴上点相对应的数。

▼ 分数与小数的起源

人们在古代就开始使用分数了。无论是何种文明，都拥有着自己独特的长度单位，但在建造建筑物进行长度测量时，肯定会碰上怎么测量都不合适的长度。那时候，人们费尽功夫，要么将最小单位变为原来的一半，要么将最小单位分成十份来测量更短的长度。此时，就有了分数的用武之地了。其实，这也可以说是因为当时没有小数这种概念。

如今我们使用的数学，主要是在欧洲发展起来的。虽说在东亚发展起来的数学极容易被人们遗忘，但是将小数点之后的数分成十份来考虑的这种想法，最开始却是出现在中国书籍的记载上。在《三国志》当中有名的魏国，有一位名为刘徽的数学家，他创作了一本名为《九章算术注》的书，书上有如下记载：

"求其微数。微数无名者以为分子，其一退以十为母，其再退以百为母。退之弥下，其分弥细。"

由此可以看出，如今人们使用的小数，很可能就起源于中国。

▼ 走出黑暗历史的负数

对于古代的人类来说，数字与物体的个数、长度和面积等息息相关，因此，在很长一段时间里，负数都被视为一种不合理的存在，甚至如果方程的解是负数，都会被视作不合理而舍弃。

文艺复兴时期，关于科学的研究突飞猛进，负数也终于获得了其应有的地位。其中具有代表性的一个例子是：在以往的物理学中，当物体的运动方向为反向时，是无法通过速度来区分的。然而，负数登场以后，则可以用正负号代表物体运动的方向——往右为正方向、往左为负方向。

此外，负数的出现还使数学中的"增加"不只代表增加的意思。例如，"增加负 2"代表减去 2。如今，负数已经成为生活中不可或缺的一种数。

▼ 罗马数字不是一天建成的

大家平时使用数字时，无须多加思考就能理解。比如说，"572"指的是 5 个 100 加 7 个 10 加 2 个 1。而如果让 572 加上 285，就会变成如下图所示的数式运算。虽说这种类似的运算，如今已经普及于小学生的教科书上，但是在以前，这类型的运算并非一件简单的事情。

$$
\begin{array}{r}
572 \\
+285 \\
\hline
857
\end{array}
$$

世上有很多不同种类的数字，其中最有名的就是在笔算中也广为使用的阿拉伯数字。以"285"为例，有"二百八十五"的汉字数字表示方式和"CCLXXXV"的罗马数字表示方式。

● 阿拉伯数字	285
● 汉字数字	二百八十五
● 罗马数字	CCLXXXV

值得一提的是，现代罗马数字已并非古罗马时代的罗马数字，该数字的表示方法一直到英国的维多利亚时代都在发生变化。基础的书写方法是：数字1、2、3以"Ⅰ、Ⅱ、Ⅲ"的形式增加竖线，数字5则用"Ⅴ"来表示。数字4是在"Ⅴ"之前加一条竖线，变成"Ⅳ"（据说，罗马人经常会通过"还剩几天"的方式来对重要的日子进行倒计时）。

数字6、7、8则刚好相反，是在"Ⅴ"之后加上竖线，即"Ⅵ、Ⅶ、Ⅷ"。数字10为"Ⅹ"，数字9则是在"Ⅹ"之前加一条竖线，变成"Ⅸ"。数字100为"C"，而50则用"L"来表示。

大家觉得这种方法如何呢？在罗马数字中，位数不同，用来表示的文字也不同。在表示百位和十位上的数字时，需要分别写上代表该位数的数字。在进行运算时，需要去数相对应的位数上的数字，将它们对应相加，还必须写上位数的单位，计算十分烦琐。实际上，与其说罗马数字是用来计算，倒不如说是用来做记录的。因此，古罗马人在实际进行数字运算时，通常使用一种被称为算盘的工具。

▼ 阿拉伯数字的优点和缺点

阿拉伯数字的优点是，根据数字的所在位置就能确认其位数——这就是进位计数制。如"285"这个数字代表着：

$$285=2 \times 10^2+8 \times 10^1+5 \times 10^0$$

书写时无须标明相应位数上的 100、10 和 1。

● 进位计数制（十进制）

十进制中的 "537" 代表的意思是：

$$537 = 5 \times 10^2 + 3 \times 10^1 + 7 \times 10^0$$

相应位数上的数（10^2、10^1 等）

无须书写也知道。

在进行实际运算时，加法运算只需要将数字纵向排列，将相同纵列的数字相加即可。

低位数的计算超过 10 则需向高位进位。阿拉伯数字是当今人类使用的数字中唯一一种便于运算的数字。

然而，这种数字在以前也有自己的缺点——没有数字的位数需要如何表达？比如说，如何区分两千零五、二百五和二十五呢？

如今大家都知道使用数字 0 来表示，可是在很久以前，人们都是使用类似 "●" 的符号来表示没有数字这件事。但是，书写的人不同，数字之间的间隔也不同，从而引发出了许多的错误。所以，人们才决定用"0"来表示"此处没有数字"这件事。这就是人们发现"0"的过程。

"有 11 个橘子，将它们全部吃掉以后还剩下 0 个"中的"0"，与进位计数制中的"0"的使用方法并不相同。由于 0 的存在，阿拉伯数字的进位计数制才变得十分便利。

多亏了先贤们灵活地将 0 运用到进位计数制中，阿拉伯数字的实际运用才会在今天深入人心。

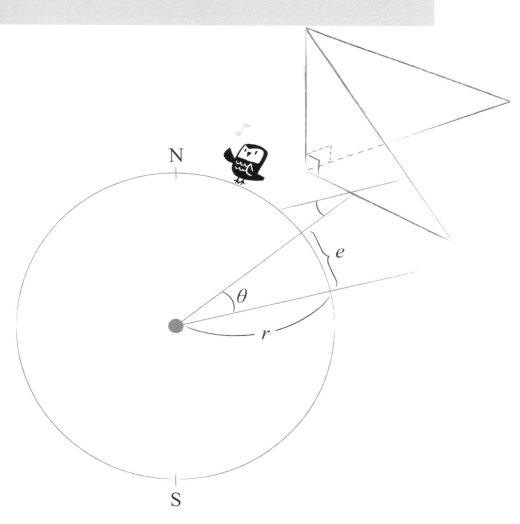

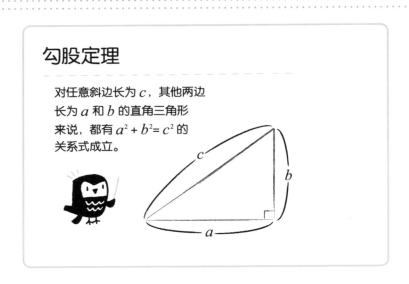

勾股定理

对任意斜边长为 c，其他两边长为 a 和 b 的直角三角形来说，都有 $a^2 + b^2 = c^2$ 的关系式成立。

▼ 测算季节的神奇之棍

在远古时期，人们起初是靠打猎、采摘为生。后来，随着社会逐渐进步，开始了农耕生活，人口也开始增多，这就导致了人们需要依靠具有一定组织性的农业生产来维持生存。因此，知晓播种的季节、掌握气象变化就变成了一项必不可少的技能。

古代繁荣的四大文明古国都处于大河流域附近。原因是雨季过后，河水泛滥会带来大量营养丰富的土地，十分适合播种。而由于往年雨季来临的时间大抵相同，因此了解春分、夏至、秋分、冬至的季节变化就变得至关重要。

在古代，似乎有大量的从政者都深谙天文之道，那么，他们究竟是如何判断夏至或冬至的时间的呢？答案就是利用一个小工具——一根与地面垂直的木棍。当太阳升至最高的位置时，通过观察该木棍的影子进行判断。夏至时，木棍的影子是一年当中最短的。因此，只要通过测量木棍的影子，就能够正确判断季节的变化。

▼ 寻找垂直的漫漫长路

只要能够准确地将一根木棍垂直竖立起来，就可以通过纬度得知自身的位置。那么，如何才能成功地垂直竖立一根木棍呢？答案是使用三角尺。想必大家应该都还记得，上小学时通过组合两把三角尺画直角的事。

然而，在古代并没有三角尺这种东西，因此，人们只能从创造直角三角形开始着手。两把三角尺的边长之比分别为 $1:1:\sqrt{2}$ 和 $1:\sqrt{3}:2$。

古代是有圆规的，因此，如下图所示，只需要从底边的两端起，以边长为半径画圆，最后将它们交点相连即可

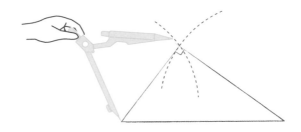

得到想要的三角形。

可是，$\sqrt{2}$（=1.414…）和 $\sqrt{3}$（=1.732…）都是小数点后无限不循环的无理数，用圆规无法精密地画出它们的长度。能够被人们准确画出的，只有边长为自然数的直角三角形。而想要找到这样一个直角三角形，则必须依靠勾股定理。

勾股定理的便利之处，不仅仅在于直角三角形的边长 a、b、c 之间有 $a^2+b^2=c^2$ 成立，而且在于任意一个三角形的三条边，只要满足这种关系，就可以判定这个三角形为直角三角形这一点。

因此，只需要找到满足这个关系的三个自然数，就可以通过圆规来控制长度，画出一个直角三角形的三条边了。比如说，$3^2+4^2=5^2$ 是成立的，那么只要画一个边长分别为 3、4、5 的三角形，长度为 5 的这条边对应的角就一定会是直角。在古代，日本的木匠也经常会用到这种处理方式。

那么，到底要怎样才能在地面上立起一根垂直的木棍呢？

如果仅在地面上放上一个直角三角形，那么会因为结构不稳定而摇晃。因此，古人们就想了一个办法：如图所示，将两个直角三角形组合着立起来，就能保证结构稳定不动摇了。使用这种方法，就能在地面上立起一根垂直的木棍了。

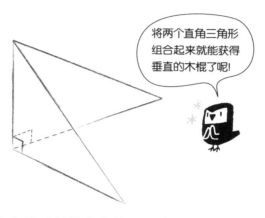

将两个直角三角形组合起来就能获得垂直的木棍了呢!

如今大概已经没有人见过这种方法了，但是根据各种史料可以推测，古代的人们确确实实地使用过这种方法。也就是说，在毕达哥拉斯出生以前，似乎就已经有人知道勾股定理的存在。

通过测量每天太阳升到最高时木棍影子的长度，找到一年当中影子最短的那一天，并将其称为"夏至"（要获得更准确的日期，还需要更加复杂的计算）。古人们就是用这种方法，掌握季节的更替，以保证播种时节的准确性。

为何每个朝代的当权者都对土地的面积计算如此热衷？

在当今的日本社会，国民都是使用金钱来缴纳税金的。然而，在古代，大部分的人都是通过种植米等谷物，以物品来缴税的。像江户时代的形容藩❶的职位大小的单位"石"，代表的就是米等粮食的生产量。

那么，如果使用米来缴纳税金，最重要的标准是什么呢？毫无疑问，必然是通过预测一块地能够收获多少米，来决定这一块地的税收。因此，计算各种类型的耕地的面积就变成了不可避免的事。

多边形的面积公式

- 正方形的面积公式：
  边长 × 边长

- 长方形的面积公式：
  长 × 宽

- 平行四边形的面积公式：
  底边长 × 高

- 三角形的面积公式：
  底边长 × 高 ÷ 2

---

❶ 藩是日本江户时代的一个制度用语，是日本古代封建制度对领主的称呼。——译者注

　　有一点是从古至今都未曾有改变的：一个国家需要通过正确掌握本国的耕地面积来计算税金，那么"面积的计算"是必不可少的。古代的公式里包含了许许多多先贤的智慧结晶，但其中也有错误的公式。比如说，正方形或长方形的面积通过计算就能够得到正确的数值，而四边形的面积经常会被弄错。三角形的情况也同样如此：直角三角形的面积往往能够通过计算得到正确的数值，而其他三角形却经常会得出奇怪的数值。

▼ 不可小觑的中国古代的面积公式

● 弧田图

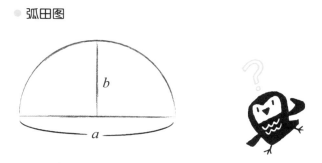

　　接下来就以中国古代世界闻名的数学巨作《九章算术》为例，为大家说明。顾名思义，这本书一共有 9 章，在其中一个名为"方田"的章节里，介绍了各种各样的面积计算方法。如上图所示的圆弧形状的农田的面积计算公式，在《九章算术》中记载为 $\frac{1}{2}(ab+b^2)$。

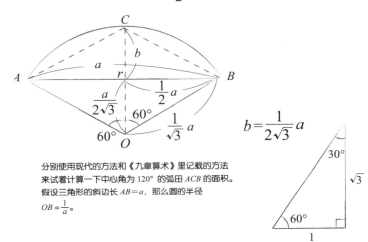

分别使用现代的方法和《九章算术》里记载的方法
来试着计算一下中心角为 120° 的弧田 *ACB* 的面积。
假设三角形的斜边长 *AB=a*，那么圆的半径
$OB=\frac{1}{a}$。

▼ 现代的计算方法

弧田 *ABC*

= 扇型 *OACB*-△*OAB*

$= \dfrac{120°}{360°} \times \left(\dfrac{1}{\sqrt{3}}a\right)^2 \pi - \dfrac{1}{2} \times a \times \dfrac{1}{2\sqrt{3}}a$

$= \dfrac{1}{3} \times \dfrac{\pi}{3}a^2 - \dfrac{1}{4\sqrt{3}}a^2 = \left(\dfrac{\pi}{9} - \dfrac{\sqrt{3}}{12}\right)a^2$

为了便于计算，我们假设 π=3、$\sqrt{3}$ =1.73

弧田 *ABC*≈ $\left(\dfrac{1}{3} - \dfrac{\sqrt{3}}{12}\right)a^2 = \dfrac{4-\sqrt{3}}{12}a^2 = \dfrac{2.27}{12}a^2$

（

▼　《九章算术》的计算方法

弧田 ABC

$$= \frac{1}{2}(ab+b^2) = \frac{1}{2}\left[a \times \frac{1}{2\sqrt{3}}a + \left(\frac{1}{2\sqrt{3}}a \right)^2 \right]$$

$$= \frac{1}{2}\left(\frac{\sqrt{3}}{6} + \frac{1}{12} \right)a^2 = \frac{2\sqrt{3}+1}{24}a^2$$

假设 $\sqrt{3} = 1.73$

弧田 $ABC \approx \frac{2.23}{12}a^2$

　　为了验证《九章算术》上记
载的公式的准确性，如图所示，
我们可以假设该圆弧的中心角为
120°，再考虑该面积问题。结果
一目了然，严格来讲，这个公式
算不上十分正确，但是也非常接

$\frac{2.27}{12}a^2$ 和 $\frac{2.23}{12}a^2$
基本上相同了呢！

近了。用于测量农田和耕地绝对绰绰有余了。

　　综上所述，《九章算术》中记载的内容，浓缩了一定
程度的计算过程，公式也可以说是离准确值相当接近。所
以说，"必须要准确地计算出面积"的这份坚持，在一直
支持着人类数学的进步呢。

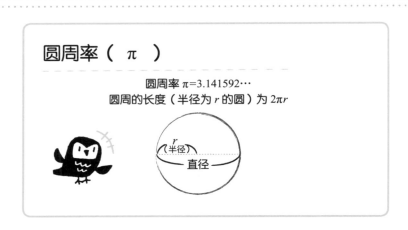

圆周率（π）

圆周率 π=3.141592…
圆周的长度（半径为 r 的圆）为 $2\pi r$

▼ 在大洋彼岸无论东西方都十分受关注的 π

曾经的数学，如同阿拉伯数字和三角比等概念一样，是由阿拉伯人推动发展的。然而，现代数学却是在欧洲迎来了高速成长的时期，随后于日本明治维新时期传入日本，故被称为"西洋算法"。

与之相对的，主要是于江户时代发展起来的传统数学，日本人称其为"和算"。这种数学最初是从中国传入日本的，最后在日本经过本土独特的发展之后才正式形成。不论是西洋算法还是和算，"圆周率（π）"都是一个十分受人关注的概念。

原因是，π 会被用于表示圆的直径与圆周、半径与面积的关系。所以，不论是哪个时代，圆周率都是一个至关重要的数。我们知道，π 是一个无法用分数来表示的无理数，小数点后无限不循环。

▼ 阿基米德VS刘徽

提到无穷无尽的圆周率的计算，就不得不提阿基米德这个先贤的名字。他以六边形为起点，渐渐发展至十二、二十四、四十八、九十六边形，通过计算与圆无限接近的正多边形而求出了圆周率的近似值。

虽然印象里，在圆周率领域中，提到的中国人的名字好像并不是太多，但是作为和算的始祖之国，中国具有十分优秀的数学传统。生于公元五世纪的数学家祖冲之，经过多年的努力，在当时已经将圆周率精确地计算到了小数点后的第 6 位，也就是 3.141592，领先欧洲数学家们一千多年。

再往前追溯到公元三世纪，我在序章内提到过一位世界著名的数学家——生于魏朝的刘徽。在他为《九章算术》批写的注释《九章算术注》中，同样记载了圆周率的计算方法。他的计算方法与阿基米德的方法相同，如下一页的图所示，使用圆的内接正六边形和外切正六边形将其夹住，所以圆周的长度肯定在外切正六边形的周长和内接正六边形周长之间。只要使用这种方法，将正六边形逐渐升级为正十二边形、正二十四边形、正四十八边形、正九十六边形以至正 n 边形，那么圆周的长度就会无限接近其真正值。

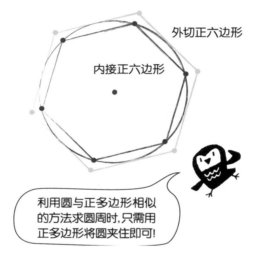

外切正六边形

内接正六边形

利用圆与正多边形相似的方法求圆周时,只需用正多边形将圆夹住即可!

阿基米德与刘徽的时代相差了大约 500 年，但这两位数学家却不约而同地计算到当 n 等于 96 时就停手了。不过，刘徽提出了如果 n 趋近于无限大，那么就能求出准确的圆周率的长度的想法。

不知为何，欧洲人当时并没有考虑到无限的情况。反观刘徽，则在书中清清楚楚地记载了"小数点后无穷无

尽 ❶ "。大概这样才成功启发了后来的数学家们萌发了"当 n 越大，圆周率的近似值则越准确"的这种想法。所以说，盲目地相信关于数学的一切都是起源于欧洲，那可就大错特错了。

---

❶　原文是：一尺之棰，日取其半，万世不竭。——译者注

速度、路程与时间的公式

路程＝速度 × 时间

▼ "速率"和"速度"的意思不一样？

这一小节，为大家仔细讲解一下速率和速度这两个词语的具体含义。平时在考虑电车或汽车的运动速度时，我们经常会用到"速率"和"速度"这一类的词，那么这两个词语之间到底有什么区别呢？其实，在平时使用的时候，这两个词语的意思是一样的。不过，在物理和数学里，它们却有一点区别。

区别就是，"速率"没有方向，而"速度"是有方向的。比如说，我们假设一辆火车从东京驶向大阪的方向为正，那么它的"速度"可以表示成 250km/h。相反，一辆从大阪驶向东京的火车的速度就应该表示成 −250km/h。

而当使用"速率"来表示的时候，那这两辆火车不论是什么方向，时速都是 250km。

接下来，请大家使用"速度、路程与时间的公式"来解答下列问题。

请问，时速 25km 的汽车行驶了 2 个小时，该汽车的行驶路程是多少？

$25 \times 2 = 50$（km）

显而易见，该汽车行驶了 50km。在这个问题里，我们使用的公式是"速度 × 时间 = 路程"。

下一个问题：

请问，一辆汽车以每小时 25km 的速度行驶 150km，需要花费多少时间？

$150 \div 25 = 6$（h）

答案是 6 个小时。此处使用的公式是"路程 ÷ 速度 = 时间"。

再来一个问题：

假设一个人骑一辆自行车去 75km 以外的地方，一共用了 5 个小时。请问他骑车的速度是多少？

$75 \div 5 = 15$（km/h）

这个人骑车的速度是 15km/h。此处使用的公式是"路程 ÷ 时间 = 速度"。

像这样，我们可以将速度、路程与时间的公式，变形成求取任意构成要素的公式。在数学领域里，当未知数改变时，所用的公式也必须要变形之后才能使用。因此，弄清楚已知的条件和未知的条件是十分重要的。

▼ 中国古代关于速度、路程、时间公式的计算

接下来，让我们来看一看经常作为例题出现的，中国《九章算术》中的问题。这本书的第六章"均输"中，大多是一些中国古代的税金、谷物运输的问题。类似上述问题，我们可以用速度、路程与时间的公式进行解答。

● 《九章算术》"均输"章问题

> 今有程传委输，空车日行七十里，重车日行五十里。
> 今载太仓粟输上林，五日三返。问太仓去上林几何？
>
> 答曰：四十八里十八分里之十一。

译文：
这里有一条运输物资的道路，没有载物的空车每天能行进 70 里，车上装满货物的重车每天能行进 50 里。
现在要把太仓的粟米运到上林，花了五天的时间共运了三趟。问太仓到上林之间的距离是多少里？
答案是 48 又 18 分之 11 里。

首先，我们来计算一下空车和重车往返 1 里地需要花费的时间。空车每天能行进 70 里，行进 1 里需花费的时间是 $\frac{1}{70}$ 天；同理，重车每天能行进 50 里，行进 1 里需花费

的时间为 $\dfrac{1}{50}$ 天。而 1 里地的路程，由空车出发，重车返回时需花费的时间则为 $\dfrac{1}{50}+\dfrac{1}{70}$ 天。

从题目可以得知，从太仓到上林花了 5 天时间共往返 3 次，由此可以算出，每次往返花费的时间是 $\dfrac{5}{3}$ 天。接下来，只需要除以往返 1 里地花费的时间，就可以求出距离了。

$$\frac{5}{3}\div\left(\frac{1}{50}+\frac{1}{70}\right)=\frac{5}{3}\div\frac{12}{350}=\frac{5}{3}\div\frac{6}{175}=\frac{5}{3}\times\frac{175}{6}=48+\frac{11}{18}$$

通过计算得知，太仓与上林之间的距离为 $48+\dfrac{11}{18}$ 里。

在中国古代，汉武帝曾将该时代的领土范围扩张到最大。在当时，所有的官员都要学习数学，课本就是《九章算术》，原因是在征收税金时需要用到特殊的计算方法。尤其是"均输"这一章节所讲的内容，能够帮助官员们公平地征收百姓的税金。而想将收获来的谷物当作税金来缴纳，则必须使用运输的手段。众所周知，中国的领土十分辽阔，运输的费用是一个大问题。不管是用马还是用牛来拉车，路上都要花费几天，这些都是需要花钱来解决的。汉武帝考虑到只有公平税收，才能换来安定的国家，因而新设立了一个官职，名为均输官。

在以前的专制君主身上，我们也能学习到一些东西。从前的皇帝们清楚地知道，通过欺压百姓来维持的政治是无法长久的。百姓疾苦，则叛乱起义必然不断。而不公平的税收等矛盾，会更加助长叛乱。在《九章算术》的"均输"这一章节中，也记载了"均输'以御远近劳费'"（用这种方法，可以通过计算运输距离和费用来保证公平、平等）。

平方根

如果一个数的平方等于 n，那么我
们就称这个数为 n 的平方根，写
作 $\pm\sqrt{n}$ 。
例如，3 的平方根为 $\pm\sqrt{3}$；4 的
平方根为 $\pm\sqrt{4}$（ ± 2 ）。

▼ 从神话时代流传下来的木匠工具

日本的木匠使用的众多工具中，有一种工具名为曲尺。
曲尺多为直角尺，呈 L 字形，正反面都刻有金属刻度。据
说还有人称其为"铁尺"，原因是这个工具多由铁打造而成。

提到曲尺的历史，甚至可以追溯到神话时代。中国的
神话故事中对创造天地的神明有这样的描述："伏羲手持矩，
女娲手持规（圆规）。"伏羲手上拿的矩，说的就是曲尺。

一位合格的木匠，只需利用曲尺就能画出正五边形、

正八边形、正十边形等图形，这种方法被人们称为规矩术
（木材切割术）。不论是造建筑，还是计算加减乘除，或
者是求对角线长度，都要用到这种方法。之前也提到，通
过勾股定理，可以求得斜边长度的平方值。因此，想要知
道斜边的长度，就必须计算其平方根。而木匠们正是通过
曲尺来计算平方根的，也叫开平方。

　　木匠们使用曲尺开平方，可想而知平时需要求平方根
的计算必定数不胜数。例如，切圆木时，要从中切出一个
多少尺寸的正方形柱子；要切出一个一定长度的长方形四
角木材，需要半径长为多少的半圆形原木等，这些问题都
需要用到平方根。

▼ 怎么用曲尺求平方根呢？

　　那么，接下来我们就一起操作一下，看看到底如何使用曲
尺求平方根。如下图所示，首先画两条垂直相交的直线 x 和 y。

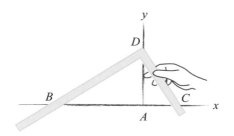

　　然后，将曲尺的顶点 D 放于直线 y 上；随后，调整曲尺的位置，使想要求的平方根长度与 AB 的长度相等。此时，假设 AC 的长度为 1，那么 AD 的长度就等于 AB 的平方根。

　　接下来，我们就用相似的性质来证明这个结论。

　　因为三角形 BCD 是一个 $\angle D$ 为直角的直角三角形，所以

　　$\angle ACD + \angle ABD = 90°$

　　又因为 $\angle A$ 为直角，所以 $\angle ACD + \angle ADC = 90°$，所以 $\angle ABD = \angle ADC$，因此，可以得到 $\triangle ACD \backsim \triangle ADB$。随后，再来看看相对应的边之比：

　　$AD : AB = AC : AD$

　　$AD^2 = AB \cdot AC \therefore AD = \sqrt{AB \cdot AC}$

　　$AC = 1$，因此 $AD = \sqrt{AB}$

　　如此一来，我们就使用曲尺求到了 AD 等于 AB 的平方根。由于这种方法没有使用数据，而用了一种模拟的方式，所以求出的 AD 的长度有时可以直接使用，有时还需要将其缩放后再使用。

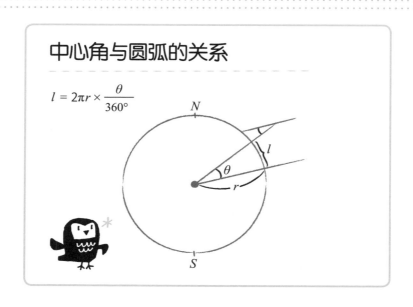

中心角与圆弧的关系

$$l = 2\pi r \times \frac{\theta}{360°}$$

▼ 伴随扩张领土而来的需求

在古希腊罗马时期，随着国家领土的扩张，版图内会出现气候不一的地域。如此一来，就必须要根据土地的不同来更换农作物的种类。

不过人们又发现，纬度相同的土地能够种植相同的农作物（此处不考虑各地土壤的差异性）。而此时，就轮到之前为大家介绍过的，能够测量纬度的工具——"垂直竖立的木棍"闪亮登场了。只需通过测量该木棍影子的长度，就能够测出纬度。

此外，当时的人们还发现了地球是圆的，这比相信地球是圆的而毅然航海远洋的哥伦布要早了两千多年。

历史上，在公元前的时代就已经有人测量出了地球的大小，完成这一壮举的人叫埃拉托斯特尼❶。他出生于托勒密王朝时代的亚历山大城。托勒密王朝（现今的埃及）是在亚历山大大帝死后，由一位将军开创的。这个王朝的最后一任女王，正是大名鼎鼎的克莉奥帕特拉七世❷。

埃拉托斯特尼时任一座大型图书馆——在当时既是神殿又是大学的，也是世界上最大的研究机关博物馆的馆长。虽然当今世上并没有他本人的著作流传下来，但是，从天文学到数学界都留下了他的丰功伟绩，并被记载到了各种各样的学术书籍中。特别是他测量得出地球大小的壮举，更是被著名学者克莱门特写入自己的著作中。

▼ 公元前测量地球大小的方法

埃拉托斯特尼得知了在夏至日的正午，阳光能够直射

❶　又译为厄拉多塞。——译者注
❷　通称埃及艳后。——译者注

入位于尼罗河上游的城市赛伊尼（现在的阿斯旺）的一口井底而无阴影这件事。这也就说明了太阳彼时是处于正上方的，如果这个时候在赛伊尼竖立一根木棍，那么人们是看不见这根木棍的影子的。

另外，在相同的正午时间，太阳却并不在亚历山大城的正上方。因此，如果同一时间在亚历山大城竖起一根木棍，而那根木棍是会有影子的。

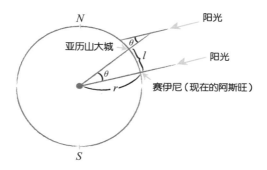

如果将木棍的影子与木棍的最上端相连，可以得到一个与垂直木棍之间的夹角，此处假设为 θ。而如果将阳光照射到地球的光线考虑为平行线，那么如上图所示，根据平行线内错角相等可以得到赛伊尼和亚历山大城相连的圆弧的中心角也为 θ。一旦知道了这个条件，那么就能够大概测算出地球的大小了：θ 与 360 度的比，等于圆弧的长度与圆周（地球的周长）的长度之比。

埃拉托斯特尼通过观测发现，θ 大约为圆中心角的 $\frac{1}{50}$，而从赛伊尼到亚历山大城的距离大约是 5000 斯达地 ❶。也就是说，地球的周长约为其 50 倍的 25 万斯达地（多本书籍都记载为 252000 斯达地）。而如果将 25 万斯达地换算成如今使用的长度单位，就可以得出地球的周长约为46250km，与准确值的误差约为 17%。

值得一提的是，斯达地是当时人们使用的如今已经失传的测量距离（长度）的单位，这个单位的长度，有好几个不同的种类。而根据以上的计算可以推测出，1 斯达地 =185m。

有些读者可能会认为埃拉托斯特尼的观测误差很大，也有些读者会认为这个精确度在当时的条件下已经十分准确了。借用著名的古代数学史家诺伊格鲍尔的话来说："埃拉托斯特尼追求的本就不是详细的数字，而仅仅是想要得到一个便于计算的笼统的数值吧。"

在古代，准确地绘制国家地图的重要意义，不仅仅在于守卫自己的国家，同时也是攻击敌国必不可少的一个重要武器。因为如果无法掌握正确的距离，就无法知道己方还有多久会遭遇到敌军攻击等重要的军事情报。据说在古代，为了绘制出精确的地图，有的地方甚至还会利用能够尽量保证步幅一致的人来测量土地。所以说，测算出地球的大小对于从前的人们来说是意义重大的。

---

❶　"斯达地"系古希腊长度单位，指体育场的长度。——译者注

立方根

如果一个数的立方等于 n，那么我们就称这个数
是 n 的立方根，写作 $\sqrt[3]{n}$。
比如，$\sqrt[3]{-8} = -2$。
负数也适用。

▼ 同样适用于立体图形的曲尺

在第 5 小节里，我讲解了使用曲尺来求平方根的方法。
绝大部分的平面作业，只要使用其中的方法基本上都可以
完成。不过，在为五重塔设计塔顶坡度、四方的飞檐垂木时，
仅靠平方根的计算是远远不够的，因为一旦涉及立体图形，
就必须要考虑体积的问题。

一个物体的体积可以通过三条边相乘求得。因此，对
于三次相乘后得到的数值，就有求出其立方根的必要。比
如说，8 的立方根为 2，27 的立方根则为 3，像这种简单的
例子，通过口算就能轻松得出。

可是，木匠们在作业的时候，面对的不仅仅是这种简单的数字。大多数时候，他们都需要求出刻度与刻度之间的数字的立方根。

一般而言，求一个数的立方根的过程，我们称为开立方。而木匠们平时仅使用曲尺就能够完成这个作业。首先，如上次的方法一样，先画两条垂直相交的直线 x 和直线 y，假设 $AB=1$（此处的 1 为基本单位长度）。接着，假设 AC 为要被开立方的长度。然后，取两把曲尺①和②，如图放置。放置曲尺①使其直角的顶点 D 处于直线 x 上；再将曲尺①和曲尺②的其中一条边如图重合放置；调节曲尺②，使其直角顶点处于直线 y 上，并使要被开立方的长度为 AC。如此，就能够通过图形的相似得到 $\sqrt[3]{AC}=AD$。

● 同样适用于立体图形的曲尺

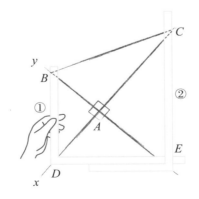

虽然证明这个公式成立比较烦琐，需要用到计算和公式，不过如果掌握了这个方法，今后只要直接使用曲尺来

处理图形，就可以求出某个数的立方根了。

本小节和第 5 小节的方法类似，都是通过使用图形的相似，用曲尺来开平方、开立方，而并非通过具体的数值计算。也就是说，在绘制平面图时也只需要两把曲尺组合就能够完成。当然，将规矩法完整地背下来也是可以直接开的。

可见，背书有时候也是挺重要的。

接下来，我就简单介绍上述等式的证明方法，稍微有些复杂，仅供大家参考。

同样使用的是图形相似的方法。

$\triangle BDE$ 是一个 $\angle D=90°$ 的直角三角形，因为 $\angle A=90°$，所以 $\triangle ADE$ 与 $\triangle ABD$ 为相似三角形。至此为止，使用的方法与开平方时使用的方法相同。于是，通过对应的边的比例可以得知

$AD : AB = AE : AD$

$\therefore AD^2 = AB \cdot AE$ ①

$\triangle DEC$ 是一个 $\angle E=90°$ 的直角三角形，因为 $\angle A=90°$，所以 $\triangle ADE$ 与 $\triangle AEC$ 为相似三角形。通过对应的边的比例可以得知

$AE : AD = AC : AE$

$\therefore AE^2 = AC \cdot AD$ ②

将等式①的两边都平方后可以得到

$$AD^4 = AB^2 \cdot AE^2$$

带入②中可以得到

$$AD^4 = AB^2 \cdot AC \cdot AD$$

$$\therefore AD^3 = AB^2 \cdot AC$$

又因为 $AB=1$，

因此，$AD^3 = AC$

密度

单位体积物质具有的质量。

密度＝质量 ÷ 体积

比重

某物质的密度与标准参照物的密度之比。固体或液体的参照物为水，气体的参照物为同温度、同大气压的空气。

▼ 天才阿基米德的发现

一提到阿基米德这个名字，许多人的脑海里是不是会浮现他在洗澡的时候发现了"比重"的概念，然后就裸体冲到街道上的小故事呢。

"阿基米德定理"，指的是浸在液体里的物体受到向上的浮力，浮力的大小等于物体排开的液体的重量。 他之所以会发现这个定理，是因为有一天，当时的国王陛下向阿基米德请教"收到的成品王冠中的含金量，是否与当时交给工匠师的金子的量相同"。虽说这个定理是物理学的定理，但阿基米德在数学界也颇有建树，被世人称为微积分之父。他与牛顿和高斯是世界公认的三大数学家。

阿基米德在数学方面的成就，如求出了 π 的近似值、推算抛物线的面积等，大多都需要进行十分烦琐的计算。如今，这些问题都可以通过微分和积分的方式来解答。

阿基米德出生于西西里岛叙拉古的一个贵族家庭。他的父亲是天文学家费狄亚。费狄亚也是一位伟大的学者。阿基米德家族的亲戚——叙拉古的国王赫农二世得知阿基米德聪慧过人后，专程向他请教王冠的事情。国王怀疑当时的工匠师往王冠里掺杂银子来偷换金子，阿基米德收到来自国王陛下的请求之后没日没夜地研究，费尽了心思。然后，就有了那一件赫赫有名的阿基米德洗澡的趣事。

▼▼ "阿基米德定理"是如何被发现的

体积与质量之比即"密度"。不同的物体密度不同。

此外，**水的密度与其他物质的密度之比即"比重"**，不同的物体比重也不同。其实只要能够意识到这一点，就能轻松解决王冠问题了。具体的操作方法是，先求出王冠的体积，再用该体积乘以比重，就可以得到物体的质量。至于比重，只需要测量一下金子的体积和质量就可以了。

然后，只需要比较一下手中的王冠的重量和用纯金打造的王冠的重量，就能知道手中的王冠到底是不是纯金的了。想要测量王冠的体积，只需将王冠沉入装满水的容器中，测量溢出来的水的体积就可以了。

最后，用得到的体积乘以金子的比重，就能知道纯金打造的王冠的重量了。阿基米德正是在踏进澡盆的一瞬间想到了这一点，所以他一边大声欢呼"我知道了！我知道了"，一边从澡盆跳出，冲到了叙拉古街道上。自此以后，阿基米德彻底出名了。即使是不认识他的人，也都听说过"裸体奔跑的人"。

▼ 数学通万物

阿基米德是一位兼具严密性与实用性的具有近代科学思想的伟大学者。为了科学研究，他会利用身边一切可以利用的工具，并狠下苦功。例如，他通过正九十六边形计算出圆周率的近似值，也是从最初的正六边形开始，渐渐发展成正十二边形、正二十四边形、正四十八边形，一直到正九十六边形。通过逐渐将这些图形的中心角减半，计算出圆的内接与外切图形的周长的方式，来求出圆周率的近似值。如今看来，这种方法还涵盖了半角公式的思想。

同时，这也是一种非常实用的方法。甚至可以说，与其并肩的牛顿和高斯能够拥有如此高超的近似计算能力，也并非偶然。

做学问讲究的不仅仅是理论，切身实际地求出圆周的长度为多少、地球的轨道半径为多少，最后得出结果才叫作科学。

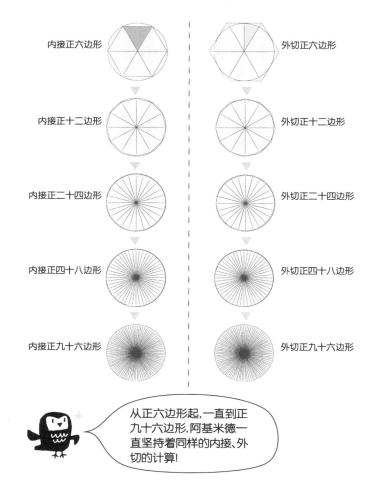

经常会听到有人说"数学不过是一些理论",其实,数学是现实。仅仅靠理论是无法解决眼前的现实问题的。古代的阿基米德构思打造的水泵,直到如今还在尼罗河上发挥着自己的功效。

阿基米德使用曲线来求范围内的面积的做法,其实也是上述思想的一种延伸。此外,他还发现了球的体积的计算方法,为之后的积分打下了坚实的基础。不仅如此,他还通过研究抛物线的切线,为微分的发现也做出了不小的贡献。不论是微分还是积分,想要进一步挖掘阿基米德的研究成果,极限的概念必不可少。而最原始的极限概念,诞生于公元 17 世纪,此时距离阿基米德的时代已经过去了2000 多年。

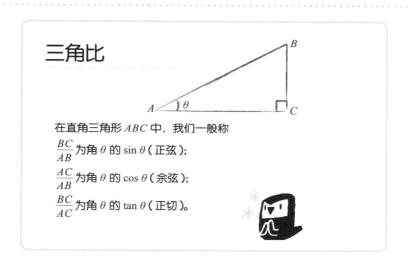

三角比

在直角三角形 ABC 中，我们一般称

$\dfrac{BC}{AB}$ 为角 θ 的 $\sin \theta$（正弦）;

$\dfrac{AC}{AB}$ 为角 θ 的 $\cos \theta$（余弦）;

$\dfrac{BC}{AC}$ 为角 θ 的 $\tan \theta$（正切）。

▼ 航海技术与三角比

在上一小节里我们提到，阿基米德为了准确地求出 π 的近似值，使用多边形将圆夹住，再逐渐将中心角减半。他当时使用的方法就是如今大家在中学学习到的加法定理，特别是"半角公式"。毋庸置疑，这些概念在当时都是不存在的。可想而知，阿基米德当时一定是使用着勾股定理，小心翼翼地计算了一个又一个内接正多边形的周长吧。

通过在学校的学习，我们可以知道内接正多边形的边长被称为圆的弦。古希腊的亚历山大数学家喜帕恰斯就曾经制作过一张计算弦长的表，这也是目前发现的最早的正弦（三角比 sin）的表 ❶。

早在古希腊和古罗马时代，人们在建筑或天体观测领域，就已经将直角三角形的边长之比，即**三角比**应用到了距离测量上。从**"角度相同，则对应边的比例也相同"**这样的相似性质可以得知，三角比仅由角度决定，与三角形的大小没有关系。

当时的亚历山大城，是连接丝绸之路的重要交通枢纽。如果没有掌握正确的定向技术就想强行穿过沙漠，那结果必定是凶多吉少。定向技术，简而言之，就是准确观测到能够作为基准的天体为止，再根据这个基准位置来掌握和调整自身目前所处的位置。而想要做到这一点，则必须要知道三角比这个概念。

喜帕恰斯在阿基米德提出的方法的基础上继续研究，最终打造出了最基本的三角比的使用方法。一直到如今的中学数学教科书上，依然还有通过三角形的角的大小与边长的关系来求未知的边长和角度的问题。这些问题的解答方法（三角学）可以说是喜帕恰斯一手建立的体系。在沙漠中使用的定向技术就是用同样的方法弄清自己当前所处的位置。

---

❶ 又称三角函数数值表。——译者注

顺便提一下，喜帕恰斯在天文学领域也留下了许多亮眼的色彩。比如说，他利用刚才讲到的三角学来精确地测量天体的运行，最后求出了阳历一年的准确时长——365天5小时55分12秒。这个数值十分精确，这也是人类历史上首次准确地计算出了阳历一年的时长。

▼ 木匠与伐木工人也使用的三角比

三角比在日本同样受到了广泛应用。例如，人们会利用三角比来测量大树或者建筑物的高度，此时使用的就是直角三角形的底边和高之比，也就是正切（tan）。

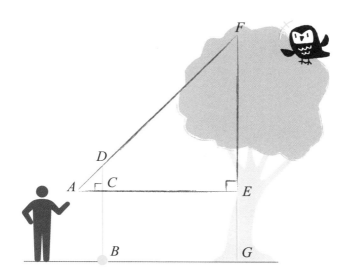

接下来，用上图为大家简单说明一下测量方法。首先，我们假设大树的高度为 GF。此时，需要使用等边三角形的三角尺，将三角尺沿直角边绑在一根绳子上，绳子的一端绑上秤砣，长度为 CB。接下来，用手拿起三角尺，使绑着砝码的绳子自然下垂，保持 DCB 呈一条直线，然后从 A 点出发眺望顶点 F，调节移动，使 A 和 F 在一条直线上。

因为三角形 AEF 是等边直角三角形，所以，从观测点到大树的距离 AE，与树木 EF 的高度相等。那么，只需要测出 AE 之间的距离，再加上 EG 的距离，就能够求出大树的高度了。在木匠与伐木工人的众多智慧结晶中，三角比真可谓是其中一颗闪耀的星星。

小数的计数法

十进制的小数

$$0.abc = \frac{a}{10} + \frac{b}{10^2} + \frac{c}{10^3}$$

六十进制的小数

$$0.abc = \frac{a}{60} + \frac{b}{60^2} + \frac{c}{60^3}$$

▼ 复杂计算中必不可少的小数

在日本，人们从小学习的是从欧洲传来的数学，所以可能有很多人会认为中国古代的数学没有什么了不起的。实际上，中国的数学，不论是理论性还是实用性，都非常出类拔萃。其中十分著名的，就是十进制的小数。这是阿拉伯人受中国古代先贤的启发而发明出来的。

小数的计算运用在天文学或者历法等方面的使用方法是多种多样的。在天文学的研究中，经常会碰到十分烦琐的计算。古希腊人使用的按位计数制的小数计算，就是在古巴比伦时期发展起来的六十进制，这是由于科学家们经常要和大量的琐碎数字打交道。

后来，六十进制被传到了伊斯兰，正式被人们广泛使用。再后来，古印度人发明的十进制的印度数学开始流行起来，后由阿拉伯人传向欧洲，之后再经欧洲人将其现代化。人们错误地以为该数字是阿拉伯人发明的，所以称其为阿拉伯数字。

不过，当时的科学家们仍然使用的是六十进制。原因就是，当时发明的十进制里并没有小数的存在。所以，当时与研究有关的数字计算，使用的都并非十进制，而是能够进行更加精确计算的六十进制。

▼ 从中国出发→经由印度、伊斯兰→到达欧洲的十进制

欧洲的数学并不一定就是最好的。魏朝的刘徽在其著作中，留下了这样的话："微数无名者以为分子，其一退以十为母，其再退以百为母。"这里提到的内容就是小数，意思是"碰到无法测量的微小的单位时，可以将该单位一分为十后再测。如果再次出现了无法测量的零头，那就将分成十份之后的每个单位再分成十份"。换句话说，就是

把该单位分成 10 的平方，也就是 100 份。将 1 米分成十份，每份就是 10 厘米；再分成十份，每份就是 1 厘米。这个分割的行为可以重复无数次，因而可以无止尽地创造出小数。

　　这个关于小数的思想不可思议地经由印度，传到了伊斯兰。之前提到的刘徽留下的那番话，是用来计算路程的。而路程的计算中往往会有无理数的出现，所以我们可以推测，刘徽在当时那个年代就已经研究过小数点后无限不循环的小数了。

　　当时的中国使用的度量衡制度基本都是十进制，所以使用十进制来创造小数的想法可能也是水到渠成。伊斯兰人从中获得灵感，将十进制成功地运用到了 60 的反数乘（60 的 n 次方的倒数）中。并且，还利用 60 的反数乘推算出了 10 的反数乘（10 的 n 次方的倒数），这也就是现代小数的由来。

　　十进制的小数被发明以后，欧洲的科学家们立刻就摒弃六十进制而转用十进制了。十进制也经由伊斯兰数学家们的手彻底发扬光大了。

Part 2

站在“数学”的角度思考日常的种种

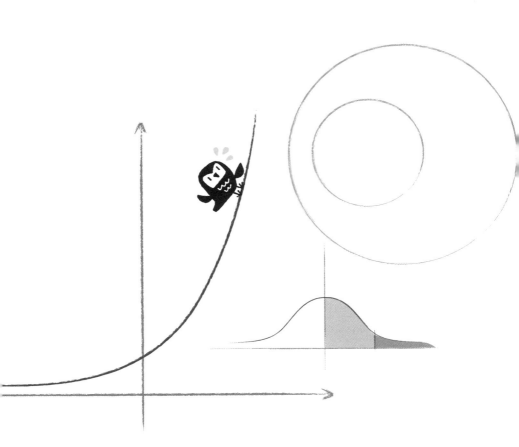

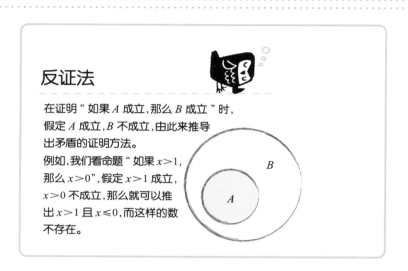

反证法

在证明"如果 A 成立,那么 B 成立"时,假定 A 成立,B 不成立,由此来推导出矛盾的证明方法。

例如,我们看命题"如果 $x>1$,那么 $x>0$",假定 $x>1$ 成立,$x>0$ 不成立,那么就可以推出 $x>1$ 且 $x \leqslant 0$,而这样的数不存在。

▼ 在"如果那么"的命题中，"包含与被包含"的关系必不可少

经常研究数学的人，说话大多比较有条理，这都多亏了日常对几何证明的练习。那么，学习几何为什么能够使人变得更有条理呢？理由其实很简单，大概就是因为几何证明需要使用"假设→结论→证明"这样具有逻辑性的步骤进行解答吧。

"如果 A 成立，那么 B 成立"，如果用数学的语言来表示，就像"如果 $x>2$，那么 $x>1$"这样，必定会有 A 条

件成立的集合被包含在 B 条件成立的集合中的关系成立。

因为满足 $x>2$ 的集合被包含在满足 $x>1$ 的集合中，所以"如果 $x>2$，那么 $x>1$"这个命题是正确的。

在数学中，像这样"包含与被包含"的关系是使用"如果那么"命题的前提。

当你想要说服一个逻辑性很强的人，特别是想要使用反证法时，就要意识到集合中"包含与被包含的关系"。在进行辩论的时候，必须要时刻考虑"假设"和"结论"是否能够运用数学中的集合概念。

采取合乎逻辑的手段，与将数学中的理论运用到一般社会中的意义是不同的。数学中的理论，说到底只是为了数学证明而已。

▼ 被泛滥使用的错误的反证法

● **反证法**

想要证明"如果 A 成立，那么 B 成立"，则需要证明"A 成立且 B 不成立"这件事不可能发生。

假如"如果 A 成立，那么 B 成立"的命题成立，那么，A 成立的集合部分，与"B 不成立"的集合部分，是没有交集的。

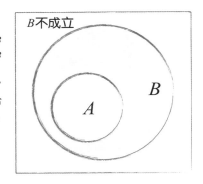

利用上图为大家说明一下"反证法"。**反证法是在证明"如果 A 成立，那么 B 成立"命题时，假设结论 B 不成立，从而推导出矛盾的证明方法**，是要证明"A 成立，且 B 不成立"这个命题是错误的。

"如果 A 成立，那么 B 成立"的命题成立，则说明 A 集合被包含于 B 集合中。那么，A 集合部分与 B 不成立的集合部分，是没有交集的。因此，"A 成立且 B 不成立"这件事不可能发生。

在 2012 年举行的日本众议院公听会上，曾经有人使用反证法来说明日本国债的安全性。当时，有一种来自社会的声音，说日本国债将在 3 年内破产。彼时，国债的 CDS 值（相当于国债破产时需要准备的保险金的计算值）约为 1%。如果国债在 3 年之内破产了，那么国家将在 3 年内支付 1% 的保险金，投资者 3 年之后就能获得满额的保险金。

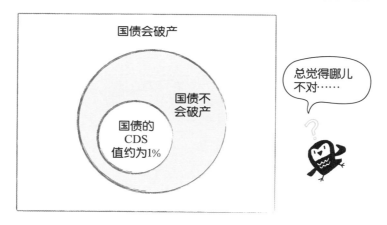

换句话说，投资者 3 年的投资收益将为本金的 33 倍。当时的议员是这样说的：这世上不可能有这样高收益的买卖，所以国债 3 年以内是不可能破产的。

乍一看，这位议员使用的好像确实是反证法，接下来就让我们带入"如果 *A* 成立，那么 *B* 成立"命题中仔细推敲，看看其中的 *A* 和 *B* 到底是什么。首先知道的是，*B* 命题是"国债不会破产"。这位议员为了推导出矛盾，使用的 *A* 命题是"国债的 CDS 值约为 1%"。用数学的反证法方式表现，则如果"国债的 CDS 值约为 1%"成立，那么"国债就不会破产"。这位议员最后的结论，看上去好像是证明出了"国债不会破产"这件事。

然而，这位议员仅仅是证明了"如果日本的 CDS 值约为 1%"，那么"国债就不会破产"，却并未证明"国债不会破产"。所以，这个证明到底有没有意义呢？他可能搞错了自己的假设，只会让国民们觉得"日本的 CDS 值约为 1%"的经济体系有问题而已。退一万步讲，就算他的证明是有意义的，"日本的 CDS 值约为 1%"的这个假设，与"国债不会破产"这个结论之间，并没有数学中的集合能符合定义，这二者也并不是数学中的研究对象。

反证法，是一种能够使数学中的证明变得更加简单的手段。这种方法仅仅在数学的具有严密设定的背景下才可以使用。数学的理论是数学的一部分，所以，没有严密的设定，是不应该随意使用反证法的。

再往深层次处说，"如果 A 成立，那么 B 成立"的命题中，A 和 B 之间是没有时间差的。而对于经济学中的现象，假设和结论之间一般来说是有时间变化的。毕竟如果没有时间这个条件，也就不会有利率产生了。

因此，数学中的证明方法，并不适用于一般社会的议题。如果不能明白这一点，一味地认为只要学习数学，就能够拥有逻辑性思考的想法是十分危险的。

除法公式

自然数 m 除以 n 得到的商为 q，余数为 r 的等式如下所示：

$m \div n = q \cdots r$（$m = qn + r$）

余数 r 小于被除数 n，

即 r 大于 0 小于 n。

▼ 六曜是如何决定的？ ❶

一般人们结婚的时候选日子，都喜欢选择类似大安 ❷ 这样象征吉利的日子。六曜一共有六种，由先胜、友引、先负、佛灭、大安、赤口轮番替换，它们各自代表着不同的吉凶和运势。我们把在日历的日期旁附上运势等信息称为历注。

---

❶ 六曜起源于中国，是一种传统历法，后传入日本。——译者注

❷ 六曜中的一种，为黄道吉日，日本人入学考试、结婚、出门旅游等多选此日。——译者注

　　细心的人可能会发现，日历上六曜的顺序有时会有些许不同，这是因为这些顺序是基于农历来排列的。准确来说，由于农历每个月1号的六曜是固定的，而月份的更替会导致其顺序发生偏差。

　　需要说明的是，六曜是可以计算出来的，只要将农历的月份加上当天的日期再除以6，通过得到的"余数"就可以知道那天是什么日子了。注意，使用的月份是农历而并非如今普遍使用的阳历。

$$（农历的月＋日）÷6＝商…余数$$

余数	0 大安	1 赤口	2 先胜	3 友引	4 先负	5 佛灭

　　余数为0、1、2、3、4、5时，对应的六曜之日如上图所示。

　　接下来，我们用实际的计算来实践一下。

　　农历的正月初一为：

　　（1+1）÷6=0…2

　　余数为2，所以当天是"先胜"。

　　农历的女儿节（三月初三）为：

　　（3+3）÷6=1…0

　　刚好整除，余数为0，所以当天是"大安"。

▼ 不要太迷信六曜

通过上述的说明大家知道，其实六曜仅仅是由除法计算决定的，如果说仅凭这就能决定一个人当天的运势，或者所有人的运势，实在是一件荒唐的事情。

历注中对六曜的解释如下：先胜代表当天上午运势较好；友引代表当天适合工作、搬卸新买的物件；先负代表当天下午运势较好；佛灭代表当天的运势坏到即使佛祖降临也无力回天，即使认真工作也不会有好事发生；大安代表当天诸事皆宜；赤口代表当天诸事不宜。

如此看来，六天当中，能够好好工作的时间最多不过三天而已。要是人人都信这个，那日本的经济可能早就崩溃了。所以，如果在日常生活中过于迷信历注，会给自己的生活带来显著的影响。

六曜的发祥地——中国的历代王朝，都颁布过"禁止将历注记载于日历中"的律法。究其原因，是因为当权者清楚地知道,这些历注会阻碍百姓教育水平的提高。在过去，日本的明治政府也颁布过同样的律法，不过还是未能完全根除这种旧习。像如今这样，附带历注的日历出现在日本各类商店的情况，还是在第二次世界大战以后。

不过，一千个人就有一千种关于历注的不同解释，如果过于迷信其中，那终将一事无成，所以希望大家平时行事不要太在意其中的说法。

同余定理

$a = q_1 n + r, b = q_2 n + r (0 \leqslant r < n)$

对于两个自然数 a 和 b 来说，如果它们的余数同为 r，那么则称 a、b 对于自然数 n 同余，并表示成下列形式：

$a \equiv b \pmod{n}$

且关于模 n 的同余关系，满足以下几个性质：

· 反身性　　$a \equiv a \pmod{n}$
· 对称性　　如果 $a \equiv b \pmod{n}$，那么 $b \equiv a \pmod{n}$
· 推移性　　如果 $a \equiv b \pmod{n}$，且 $b \equiv c \pmod{n}$，那么 $a \equiv c \pmod{n}$；

此外，当 $a \equiv b \pmod{n}$，$c \equiv d \pmod{n}$ 时，满足

· 同余式加减法　　$a \pm c \equiv b \pm d \pmod{n}$
· 同余式乘法　　$ac \equiv bd \pmod{n}$

▼ 同余式的机制

我们知道，两个图形的大小相等一般会用这两个图形"全等"❶ 来表示，其实在数字中也有同余式的说法。当两个整数 a 和 b 除以 p 的余数相等时，就能用 $a \equiv b \pmod{p}$ 来表示，读作"a 与 b 对模 p 同余"[实际上，使用 $a \equiv r \pmod{p}$ 的情况比较多，r 为余数]。

---

❶　全等与同余的日语均为"合同"。——译者注

灵活运用这个性质，就能够把计算转变为仅有余数的等式计算。我们用下述除以自然数 3 的余数（0、1、2）等式稍作说明。

$15 \div 3 = 5 \cdots 0$，用算式表示就是 $15 \equiv 0 \ (\text{mod } 3)$；

$7 \div 3 = 2 \cdots 1$，用算式表示就是 $7 \equiv 1 \ (\text{mod } 3)$；

$11 \div 3 = 3 \cdots 2$，用算式表示就是 $11 \equiv 2 \ (\text{mod } 3)$。

利用同余式，还能进行余数剩余多少的计算。

像 $7+11 \equiv 1+2 = 3 \equiv 0 \ (\text{mod } 3)$ 这样，算式左边是 7 加 11，借此来看相加之后的数除以 3 的余数会是多少，从而达到集中计算的目的。

▼ 同余式的使用方法

通过除法运算的余数，可以推算出一个日期是星期几。换句话说，只要用日期除以 7 或者 6，看得到的余数是多少，再进行计算即可。

例如，假设一个月的第一天（1 号）是星期天，那么这个月的 25 号是星期几呢？

$25 \div 7 = 3 \cdots 4$

余数为 4，所以 25 号是星期三。使用同余式可以表现成以下形式：

$25 \equiv 4 \pmod{7}$

除以 7 的余数与相对应的星期几的同余式关系可对照下一页的表格。

那么，再用同余式计算一下，如果一个月的第一天是星期天，那么过了 11 天后再过 13 天是星期几？

余数	星期几	
0	星期六	$n \equiv 0 \pmod{7}$ n 号是星期六
1	星期天	$n \equiv 1 \pmod{7}$ n 号是星期天
2	星期一	$n \equiv 2 \pmod{7}$ n 号是星期一
3	星期二	$n \equiv 3 \pmod{7}$ n 号是星期二
4	星期三	$n \equiv 4 \pmod{7}$ n 号是星期三
5	星期四	$n \equiv 5 \pmod{7}$ n 号是星期四
6	星期五	$n \equiv 6 \pmod{7}$ n 号是星期五

原来余数和星期几是相对应的啊!

先用 11 除以 7 得到余数为 4，然后用 13 除以 7 得到余数为 6，最后再用同余式计算可以得到下列算式：

$11+13 \equiv 4+6 \equiv 10 \equiv 3 \pmod{7}$

由此可以得出结论，过了 11 天后再过 13 天是星期二。虽说如今计算机技术高速发展，大概已经不会再专门用同余式来计算几号是星期几了，不过还是希望大家能够记住这样一种计算方式。

等比数列之和

a，ar，ar^2，ar^3，ar^4，…，ar^n

第 n 项的 a_n（一般式）可以通过以下公式求解：

$a_n = ar^{n-1}$

当 $r \neq 1$ 时，该数列第 1 项到第 n 项的和为

$$\frac{a(r^n-1)}{r-1}$$

▼▼ 会员无止尽增加的系统是否成立呢？

众所周知，这个世界上有一种被称为"老鼠会"的，具有悠久历史的传统诈骗手段。日本从明治时代开始就颁布了专门针对诈骗的刑法。老鼠会，一种由母会员开始，无止尽发展子、孙会员，类似老鼠的繁殖机制一般的诈骗系统。

使用这种诈骗手段的人，通常会说"你只需要发展 5个下线会员就好了"之类的话，再跟你说明，你发展的下

❶ 一种非法传销方式。——译者注

线会员缴纳的会费，会有一部分进入你自己的口袋。你可能会觉得，自己找 5 个会员没什么大不了的。但是，再仔细想一想，你发展的 5 个下线会员，他们也会发展各自的下线会员，所以一共有 25 人入会。

然后，那 25 个人一共会找 125 人入会，这 125 人再各自找 5 个人，也就是 625 人。类似这种激增的形式，我们称为等比数列。可以发现，一直到这个数列的第 5 项为止，其繁殖的速度好像并不能引起人们太大的注意。

5+25+125+625 相加的数目就是全体会员人数。肯定有人会想，如果能从这些会员身上征收一些会费，那么每天就算什么也不做也能赚钱了。所以，有不少人都禁受不住 "你只需要发展 5 个下线会员就好了" 这恶魔的诱惑，而坠入魔网。真不知道这些人在学校学习的等比数列的知识到底用到什么地方去了。

▼ 老鼠会的人数增加机制

假设老鼠会在东京近郊发展，那么，让我们计算一下最初的 5 位老鼠会会员占东京近郊 1200 万住民的比例是多少，这也正是我们会碰到老鼠会会员的概率。

$$\frac{5}{12000000}=0.00000041666$$

显而易见，碰到最初 5 个人的概率小之又小。"你是被特别选中的人"这种话也显得十分具有说服力。

下一个阶段，是由最初的 5 人各自召集 5 人，一共是 25 人。加上最初的 5 人，此时老鼠会的会员数一共是 30 人。

$$\frac{30}{12000000} = 0.0000025$$

100 万人中大概存在 2~3 人。下一个阶段，25 人再各自召集 5 人，一共是 125 人。再加上上个阶段的 30 人，一共是 155 人。

$$\frac{5+25+125}{12000000} = 0.00001291666$$

大概 10 万人中存在 1 人。再重复上述步骤。

$$\frac{5+25+125+625}{12000000} = 0.000065$$

再下一个阶段，人数是 780 人，再加上 625×5 人。

$$\frac{780+3125}{12000000} = \frac{3905}{12000000} = 0.00032541666$$

$$\frac{3905+15625}{12000000} = \frac{19530}{12000000} = 0.0016275$$

到这一阶段，已经发展到 1000 人中有 1~2 人存在了。值得注意的是，这个数字中还包含了婴儿和小学生。下一个阶段，数量再加 15625×5 人。

$$\frac{19530+78125}{12000000} = \frac{97655}{12000000} = 0.00813791666$$

假设最开始的那个人是第 1 代，那么到第 8 代的时候，已经发展成 100 人中就有 1 人是老鼠会会员的规模了。由于这个计算忽视了总人数的年龄组成，所以实际上能够成为会员的人数应该要比 1200 万更少。而越往后面发展，这个数字增长得越快。

如果此时再进行一次计算的话，

$$\frac{97655 + 78125 \times 5}{12000000} = 0.04069$$

此时，规模发展到了大约每 25 个人中就有 1 位会员的程度了。在此基础上还想要扩大规模，就比较困难了。关于这些数字的计算，无论哪个学过等比数列知识的人看了都会明白，这其实就是一个遵从等比数列规律的现象。对于等比数列的增加幅度，我希望大家不只是用头脑看，更希望大家能够切身实际地理解。

为了达到这个目的，需要不断地亲自动手进行等比数列的计算，甚至要绘制表格，与等差数列作比较等。其实这是连小学生都能够办到的事情，**想要真正理解一件事物，就需要不断地重复做一些简单的事情。**不过，当今的教育似乎忽视了这一点。其实，哪怕是再聪明的学生，大家一开始必须做的事情都是一样的。万一真的有学生陷入老鼠会的魔网，那时候可就笑不出来了。

最近，网上出现了许多以诈骗为生的不法分子，也有不少人陷入传销的魔爪。请大家一定要加强自身的防范意识。熟练掌握了等比数列的知识后，大概多少也能防止盲目地上当受骗。

递归公式

如果一个数列中的第 n 项与它前一项或几项的关系可以用一个式子来表示，那么这个公式就叫这个数列的递推公式。使用递推公式定义数列的方法就叫作数学归纳法。

▼▼ 表示从现在向下一项变化的式子

我们可以把等差数列定义为下列公式：

$a_1=a$，$a_n+1=a_n+d$（a 为首项，d 为公差）

利用这个公式，可以通过数列中的前一项去计算后一项的值。而由于首项是已知数，所以只要按照以下顺序就能求出数列中各项的值了。

$a_2=a_1+d=a+d$

$a_3=a_2+d=（a+d）+d=a+2d$

$a_4=a_3+d=（a+2d）+d=a+3d$

$a_5=a_4+d=（a+3d）+d=a+4d$

如此这般，使用前几个带有编号的项计算出下一项的方法，我们称为数学归纳法。

虽说使用递归公式，按照顺序求出数列中各项的值，也是一件很有意义的事情，但是，如果想要计算到第100项左右的值，那可能会有些焦头烂额了。于是，学习递归公式的解法，为的就是能够直接求出 a_n。

递归公式，是一个表现事物如何从现在的状态过渡到下一个状态的公式。例如，通过这个公式，我们可以由当前的流感感染人数，预测计算出将来的感染人数。通常，当前的每位感染者，都会将流感传染给数人。假设一位感染者会传染 m 人，现阶段的感染人数是 a_n，下一个阶段的感染人数是 a_n+1，那么就能用 $a_n+1=ma_n$ 来表示它们之间的关系。看上去好像把日常的复杂现象简单化了，但这其中的思考方式其实是一样的。

▼ 准确传递流言的概率和错误传递流言的概率

接下来，我们用递归公式观察一下流言被散布的状态。请大家特别注意，流言散布到后期，到底还是不是对的信息。我们来考虑一下错误传递流言的概率，可以在最简单的状态下建立一个模型。

首先，令"错误传递流言的概率"为 a。由于这种概率通常会比较小，所以假设 a 是一个趋近于 0 但比 0 要大的数。再令 a_n 为"第 n 个人听到对的流言的概率"，b_n 为"第 n 个人听到错的流言的概率"。再假设第一个散布流言的人听到的是对的流言，那么他应该算是第 0 个人。

因此，$a_0=1$，$b_0=0$ 就是这个递归公式的初始值。令第 $n+1$ 个人听到对的流言的概率为 a_n+1、听到错的流言的概率为 b_n+1。接下来，试着将这两个概率用第 n 个人听到对的流言的概率 a_n 和听到错的流言的概率 b_n 来表示。

由上述内容可知，准确传递流言的概率为 $1-a$，错误传递流言的概率为 a。

因此，听到对的流言的概率 a_n+1，是由第 n 个人听到对的流言的概率 a_n，乘以他准确传递流言的概率 $1-a$，加上第 n 个人听到错的流言的概率 b_n，乘以他错误传递流言的概率 a[1]，列成如下式子：

$$a_n+1=（1-a）a_n+ab_n$$

同样的，听到错的流言的概念 b_n+1，是由第 n 个人听到对的流言的概率 a_n，乘以他准确传递流言的概率 a，加上第 n 个人听到错的流言的概率 b_n，乘以他准确传递流言的概率 $1-a$，列成如下式子：

----

[1] 此处流言只有对错两种选项，非错即对。——译者注

$$b_n+1=aa_n+（1-a）b_n$$

在数学中，我们称这种现象为相邻两项间联立递归式。

$$a_0=1，b_0=0$$

$$a_n+1=（1-a）a_n+ab_n \tag{1}$$

$$b_n+1=aa_n+（1-a）b_n \tag{2}$$

$$0<a<1$$

在这道题中，我们考虑的前提是只有听到对的流言 a_n 和听到错的流言 b_n 这两种情况，所以可以得出 $a_n+b_n=1$。

由此推出 $b_n=1-a_n$，再将其带入（1）式中可以得到：

$$a_{n+1}=（1-a）a_n+ab_n=（1-a）a_n+a（1-a_n）$$

$$\therefore a_{n+1}=（1-2a）a_n+a$$

关于这个算式的解法，课本上有相应的记载，所以在这里就跳过过程，直接写结果了。

$$a_n=\frac{1}{2}+（1-2a）^n$$

在这个等式中，由于 $0<a<1$，因而可以得到 $-1<1-2a<1$，因此，$（1-2a）^n \to 0（n \to \infty）$ 成立。换句话说，a_n 中的 n 越大（传递流言的人越多），概率越接近 $\frac{1}{2}$。也就是说，听到对的流言的概率只有一半，无法判断到手的信息是否值得信任。a 不管再小，也就是错误传递流言的概率再小，只要其不为 0，那么结果就是一样的。通过这次计算，我们明白了一个道理：流言不可信，凡事都要经过调查研究才能确定真相。

统计调查必需的样本数

$$\frac{N}{\left(\dfrac{e}{k}\right)^2 \times \dfrac{N-1}{P\,(100-P)}+1}$$

正态总体数	必需的样本数
2	2
100	94
1000	607
100000	1514
10000000	1537
1000000000	1537

N 为全体人数
e 为允许的误差范围
k 为置信度＝1.96，检测统计的 5%
P 为预期的调查结果的返信比例

▼ 10万人和10亿人所需的样本数相同

上图的公式，看上去好像很难，但其实在日常的舆论调查中经常会使用到它。通过这个公式，我们可以知道需要从全体调查对象中抽取的人数。关于这个公式的来历，由于推导过程过于复杂，此处暂且不说明，有兴趣的读者可以参考统计学的专门书籍去做研究。上图已经计算出实际操作时需要调查的人数，结果有些令人吃惊：当对象总

---

❶ 美国第 33 任总统。——译者注

人数为 10 亿人时，需要调查的人数依然仅 1537 人。有些读者可能会怀疑这个理论的真实性，其实这也正是统计学晦涩难懂的地方。

原因就是，从 10 亿人中抽选出 1537 人的方法必须是随机抽样。随机抽样的意思是全凭偶然。

在电视中，我们经常可以看到类似"从银座抽选了 500 人进行采访"的舆论调查，但其实把地点限定为东京银座时，就已经失去了全体统计调查的意义。

报纸等的舆论调查，经常会将样本数定为 2000 人左右，其依据就是上一页图中计算出的数字。即使调查对象是日本全体 1.2 亿居民，调查的样本也只需要 2000 人就够了。但是一定要注意，抽样方法仅限随机抽样。

我曾经看到某报纸上有过一个调查：在 2000 人的舆论调查的样本数中，从事农林水产业的人员每增加 20 人，主张对他们有利的政策的政府支持率就会上升 1%。事实上，再具体研究一下这些调查对象就可以发现，这次的调查抽取的样本数一共有 1890 人左右，其中从事农林水产业的人员从上次的 72 人增加到了这次的 94 人，增长率超过了 1%。如果说这是偶然，那未免有些牵强了。由此可见，进行舆论调查的媒体如果想要支持政府，那么他们只需要制造出一些对政府有利的调查结果就好了。

▼ 无意识中进行的非随机抽样统计调查

调查人员在进行某些调查时，有时可能会由于一些自己都没意识到的行动，导致该次调查变为非随机抽样统计调查。历史上就曾经发生过这样一件事，主人公是美国著名的盖洛普咨询公司，他们成功地做了一次预期错误的舆论调查。当时正值美国大选，盖洛普咨询公司做了一次舆论调查，预测当年参选总统选举的杜鲁门会落选。

杜鲁门是第二次世界大战晚期，世上首位以原子弹为筹码来进行外交谈判的美国总统。换句话说，盖洛普咨询公司当时完美地进行了一次错误的预测，因为杜鲁门成功当选了美国总统。

在美国，无论是在社会方面还是政治方面，舆论调查都起着至关重要的作用。如果没有舆论的支持，即使是总统也无法做出政治性的决断。而盖洛普咨询公司这次错误的预测，瞬间让美国舆论调查的信用度一落千丈。

事后，人们通过调查找到了预测失误的原因：当时抽选的调查样本，普遍都是高学历、高收入的人。因为一开始的设定，是要求调查人员随机抽取符合一定硬性条件的样本，而调查人员为了采访能够更加顺利地进行，就无意识地挑选了和自己阶级相同的人（高学历、高收入的人）作为样本对象。对于这种只有特定阶级人群的调查样本，根本无法据此做出准确的调查。因此，抽选样本其实并非一件简单的事情。

除此之外，根据调查时的询问方法不同，也容易诱导调查对象做出肯定或者否定的回答。因此，大家在阅读报纸上的舆论调查时，同时也要注意该调查的提问方法。如果一个国家到处都是人云亦云的人，那么这个国家离衰败也就不远了。因此，希望大家今后都能够通过阅读资料、研究数字，进行准确的判断。

指数函数

首项为1，公比为2的等比数列

$1,\ 2^1,\ 2^2,\ 2^3,\ \cdots,\ 2^{n-1},\ \cdots$

通过观察可以发现，上述都是幂为2的
自然数，如果把范围扩大为实数，
那么就可以将其考虑为 $y=2^x$ 形式的函数，
我们称之为"指数函数"。

$\dfrac{dN(t)}{dt} = \gamma N(t)$ 这个微分方程式的解为

$N(t) = N(0)e^{\gamma t}$

▼ 如何求解短期间内的连续变化？

人口的增减，对一个国家来说是一个至关重要的问题。
这个问题关系到这个国家的经济命脉，所以，所有的国家
都希望能够了解本国的人口在将来会发生何种变化。在一
些报纸上，我们可以看到世界上每年的人口变化，可是，
在人口激增的节点，有时候甚至需要统计每天每秒的人口
变化。

此外，像研究流感的病毒个数时，由于其细胞分裂十

分迅速，所以通常以秒、分为单位来定义其增加的方式。

像这样，研究这类短时间变化的事物时，如果使用等比数列的方法，那么其变量 n 只能是用第 1 年、第 2 年这样以一整年为单位进行考虑。

这十分不利于研究，所以，与二次函数的图像类似，我们将这种以表现各种量的连续性变化的"实数"为变量的函数称为"指数函数"。

指数函数 $y=2^x$ 的图像

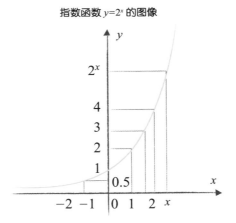

请看指数函数的图像。英国经济学家马尔萨斯就曾经利用该指数函数，建立了有关人口的"马尔萨斯模型"。该理论假设人类的总人口为 N，发展时间为 t，死亡率为 α，出生率为 β，因此，人口的变化就是 N 的微分 $\dfrac{dN}{dt}$（人口的增加、减少方式即为速度的概念，通常会用微分的方法来求速度。请视其为表示人口变化速度的象征）。通过简单的分析可以发现，人口的变化等于单位时间内死亡人数和出生人数的人数差 $\beta N-\alpha N$。由此，可以得到马尔萨斯模型如下：

$$\frac{dN}{dt}=\beta N-\alpha N=(\beta-\alpha)N$$

如果令 $\beta-\alpha=\gamma$，

可以得到 $\frac{dN}{dt}=\gamma N$

类似这种含有微分的方程式，我们称之为"微分方程式"。这个方程式的解，表示人口变化的指数函数。

▼ 马尔萨斯的预言

当今时代，世界人口正在稳步增长。马尔萨斯曾经预言，世界人口会按照马尔萨斯模型里的指数函数的趋势不断增长。

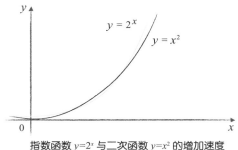

指数函数 $y=2^x$ 与二次函数 $y=x^2$ 的增加速度

另外，当时的农作物仅仅是以等差数列的趋势在增长。

具体增长情况如上图所示，指数函数与等差数列之和的二次函数相比，增长速度显然更快。因此，马尔萨斯认为，人类终有一天会陷入粮食危机。

然而事实上，当今社会真正造成粮食不足的原因，是贫困与战争。

人类历史并未按照马尔萨斯当年的预言发展。

如今，粮食聚集于富强的国家，不公平的粮食供给情况时有发生。并且，地球上的总人口增长势头丝毫不减。如果以日本人民平均摄取的卡路里为基准，计算供给给地球上全人类所必需的粮食总量，会发现如今全世界的粮食生产量只是勉强够用而已。只要人口继续增加，那么粮食就会完全不够用。由此可见，在不久的将来，总人口问题也将会变成和地球变暖一样严峻的课题。

正态分布

即以平均值为顶点左右对称的山峰形状的数据分布。

正态分布拥有以下性质:

距离平均值为 1 的标准偏差范围内的数值为 68.3%;

距离为 2 的标准偏差范围内的数值为 95.4%;

距离为 3 的标准偏差范围内的数值为 99.73%。

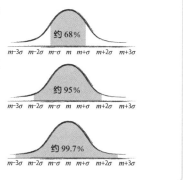

▼ 什么数值比平均值更能表现数据的特征?

在研究数据的特征时,经常会用到平均值的概念。然而,有时仅靠平均值并不能完全反映出数据的特征。如(3,3,3)和(1,3,5)这两组数据,求其平均值并没有太大的意义。原因就是,虽然这两组数据的平均值都是3,但它们的特征完全不同。

因此,人们创造出了一种能够反应出数据是怎样分布于平均值周围的数值,我们称之为**"方差"**和**"标准差"**。

接下来，就以（1，2，3，4，5，6，7）这组数据为例计算一下。

该数据的平均值为（1+2+3+4+5+6+7）÷7=4

再来看一下其中每项数据与平均值之间的差值：

1-4=-3，2-4=-2，3-4=-1，4-4=0，5-4=1，6-4=2，7-4=3

再将这些差值的数字平方后可以得到：

9，4，1，0，1，4，9

接下来，再求出这些数字的平均值，这就是"方差"。

（9+4+1+0+1+4+9）÷7=4

通常会用 V（X）、σ^2（X）、σ^2 等形式来表示方差。

通过平均值和方差的概念，可以掌握数据的中央部分和其周围的离散程度。

然而，使用方差时有一点不方便，即需要计算各项数据与平均值之间的差值的平方，而这个操作必定会导致该数据的单位发生改变。如果数据代表的是身高（cm），那么方差的单位就会变成 cm^2；如果数据代表的是小麦的生产量（t），那么方差的单位就会变成 t^2。因此，为了使单位保持一致，我们对方差进行开平方根处理。方差的平方根称作"标准差"，通常会用 σ（X）、σ 等形式来表示。

只要知道了平均值与标准差，就能使用"正态分布"。正态分布的概念经常出现于统计学中，其图像类似于吊钟。

左右对称的对称轴为平均值，根据图像可以判断出在标准差范围内包含了多少数据。

▼ 偏差值的机制

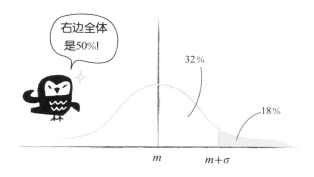

那么，使用正态分布的图像，到底能够求出什么数据呢？如上图所示，假设班上某次考试的平均分为 m，标准差为 σ。其他同学的分数以对称轴为界，左右各分布 50%。再假设自己的分数比 $m+\sigma$ 稍微少一点。如果得分在 $m+\sigma$ 以上的同学，一共是全班同学的 50%−32%=18%，那也就相当于全班大概有 20% 的同学考试分数比自己高。即使平均值（m）与标准差（σ）的数值发生改变，这种方法同样有效。仅通过平均分和标准差就能知道，全校甚至全国有百分之多少的人排名比自己靠前。

偏差值就是由这个理论基础衍生而来的概念。得分为 a 的同学的偏差值的计算公式如下：

$$50+ \frac{(a-m)}{\sigma} \times 10$$

这个公式，是当前日本最主流的典型的偏差值计算公式。只要运用这个公式进行处理，那么平均值永远都会是 50 分。即使是平均分各不相同的考试结果，也能够轻易地知道自己在所有考生中的排名是多少，这也难怪广大考试机构如此热衷于使用偏差值了。

然而，使用偏差值的一个小问题就是，无论此次考试的平均分有多低，都可以使用偏差值进行排名。因此，即使学校全体考生的实力都下滑，平均偏差值依旧会是 50 分，自己的成绩也会有相应的偏差。换句话说，即使平均分为 20 分，平均偏差值也会是 50 分。

像这种与自己周围相比较，判断出自身水平的做法，我们称之为"相对评价"。偏差值就是相对评价中比较典型的例子。使用这种方法的坏处是，没办法及时意识到日本全体学生的成绩下降这件事。

如果这次考试没有 60 分，就说明自己数学学得不好，我们称这种方式为"绝对评价"。类似"都已经是大学生了，不会进行分数运算可不行"的声音，就是从绝对评价中诞生的。我认为，如果想要知道自己真正的实力，绝对评价是必不可少的。

Part 3

与金钱息息相关的 "数学"

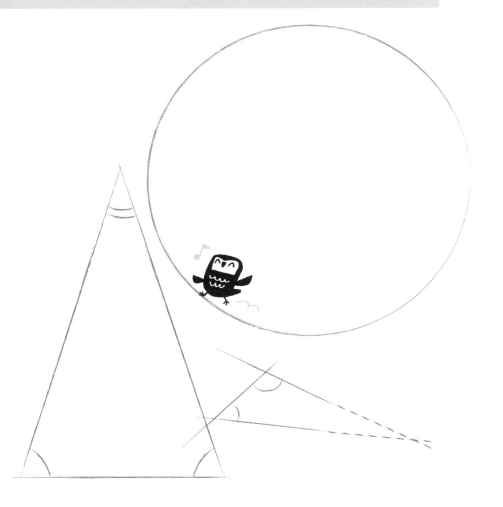

%（百分比）

表示占比的单位，是分母为 100 的特殊分数。

变换成小数时，1% 等于 0.01。

还有其他的比率如下：

1 成 =0.1

1 分 =0.01

1 厘 =0.001

▼ 表里如一的"小数"与"%"

假设，有一个 40 人的班级，身高在 160cm 以上的同学有 15 人。那么，这些身高在 160cm 以上的同学占全体的比例，可以通过下列式子进行计算：

$$\frac{15}{40} = 0.375$$

用比例表示为 0.375，用 % 表示为 37.5%，用占比则表示为 3 成 7 分 5 厘。一般来说，人们使用 % 的频率最高。

人们经常会用小数和 % 来表示银行存款的利息和购置房产时的贷款利率。比如，往银行存入 200 万日元，利息为 1% 时，一年获得的利息可以这样计算：

$200 \times 0.01 = 2$ 万日元

意思是，这么多钱在银行存一年可以得到 2 万日元的利息。在办理住房贷款手续时也经常会用到小数，不过，利率一般会用"年利率〇 %"的形式来表示。

▼ %的历史

表示比例的 "%" 拥有十分悠久的历史。在小数的概念还未普及的古代欧洲，% 就已经被用来当作 100 中 1 的单位量了。彼时，% 被用来代替小数，表示数值很小的数字。最先使用这个单位的，大概是公元 15 世纪文艺复兴时期的意大利商人们了。在当今社会，很难想象没有小数的世界是怎样的，但是在当时，人们只能用分数的形式来表示比 1 小的数字。

直到公元 16 世纪后，欧洲才开始慢慢使用现代的十进制小数——由古代中国和古代印度传入阿拉伯，再经过阿拉伯人加工之后传到欧洲。在此之前，人们表示数值小的数字，特别是天文学家们，使用的都是在古巴比伦王国盛行的六十进制分数。有些人可能对六十进制不太了解，其实只要想象一下时钟表示时间的方法——"〇点〇分〇秒"，应该就比较容易理解了。从右往左第一个小数点后的数，代表有多少个 $\frac{1}{60}$；第二个小数点后的数，代表有多少个 $\frac{1}{3600}$。

换句话说，将 1 小时分成 60 份，每份就是 1 分钟；将 1 分钟分成 60 份，每份就是 1 秒钟（相当于 1 小时的 $\frac{1}{3600}$）。

然而，使用这种方式表示数值小的数字十分烦琐且容易出错。因此，当时的商人们就想出了一种方法，用 "%" 来表示一个数字占了 100 中的多少比例。这种方法，在利率和税金的计算中十分好用。比如，一个人借 400 万日元时，如果借 100 万日元的利率是 2，通过计算就可得知 400 万日元的利率是 8 万日元。计算方法如下：

2 ×（400 ÷ 100）= 8 万日元

使用这种方法，就可以既不使用小数、也不使用分数，仅用普通的乘法、除法运算就能得到答案。不得不说，这在没有十进制小数的时代，是一种非常便利的方法。当时的银行业务也是商业的一种，与现在基本没什么两样，可谓是威尼斯商人的世界。

▼ 西洋的%，东洋的文字

历史上曾经有过一个不可思议的现象：世上完全不同

的两个地方，同时发生着同一件事。那就是，日本大约也
在上述同一时期，开始使用了与 % 类似的单位。

　　在农业生产还是世界上最主要的生产方式的时代，经
济的循环大约是 1 年——也就是从播种开始到收获为止。
然而，当商业发展起来以后，借钱还钱的周期根据经手的
货物不同逐渐变短。

　　这种变化在室町时代，特别是在应仁之乱期间表现得
最为显著，这也正是 % 在欧洲萌芽的时期。

　　也正是这一时期，日本开始使用一个名为"文子"的
单位。随着商业的发展，资金的轮换速度也越来越快。而
当借贷周期短于 1 年时，则必定需要进行更加细致的利率
计算。于是，"文子"就应运而生了。其中，"成"代
表的就是某个数量的 $\frac{1}{10}$。比如，在那个时代借了 100 文
目 ❶，1 个月的利率就是 1 文目银子，也叫作 1 文子。这其
实与 % 代表的是同一个意思。

---

❶　日本古代衡量单位，1 文目 ≈ 3.759 克。——译者注

等比数列

在数列 $\{a_n\}$ 中，存在 $a_n+1=ra_n$ 的关系时，我
们就称该数列为等比数列。

$a_1 = a$ 称为该数列的首项，r 称为公比。

a，ar，ar^2，ar^3，ar^4，$\cdots$

对于第 n 项的 a_n（一般项），可以用以下公式求出：

$a_n = ar^{n-1}$

▼ 1.3³倍就能让本金变为原来的2倍以上！

有一句谚语用来警示借钱的人，叫"借钱容易还钱难"。
当一个人经济紧张、走投无路的时候，为了借钱极其容易
想都不想就答应任何条件。虽说在这方面有严格的法律法
规，但难免会被不法分子钻了空子，导致借钱的人走错一
步万劫不复。

如果实在要借钱，借之前一定要计算好产生的利息是
多少，自己是否能够负担得起。其中，提前计算债务的好
帮手，就是这一小节的主角——等比数列。

在泡沫经济时代，几乎所有的股票都在疯涨，有些股

票甚至在 3 个月内就涨了 3 成左右。

那么，在这种情况下，想要将自己手头的资金翻倍应该怎么做呢？假设现在手头上用 50 万日元买的股票疯涨了 3 成，通过计算可以得到：

50 × 1.3=65

资金就增加至 65 万日元。假设将这些资金继续投资，再次疯涨 3 成，就有：

65 × 1.3=84.5

资金就增加至 84.5 万日元。假设将这些资金继续投资，再次疯涨 3 成，就有：

84.5 × 1.3=109.85

可以看到，最初的 50 万日元，变成了现在的 109.85 万日元，比最初的 2 倍还多。这个例子相当于是公比为 1.3 的等比数列。将 1.3 的公比重复乘 3 次得到的值超过原来的两倍了。希望大家能记住这个数字。

1.3^3=2.197 ≈ 2.2

▼ 复利利息是个滚雪球公式

如今，日本银行的利息基本无限接近于 0。当我还是

大学生那会儿 ❶，邮政储蓄的利率大概是 7 分（0.7%）左右。按照这个利息存款 10 年左右，最后能够取出的钱就会变成本金的 2 倍左右。

接下来就一起验证一下。因为只需要知道乘以几次公比（利息）就好，所以并不需要假设本金是多少。通过计算可以发现，乘以公比 1.07 共 10 次——也就是公比的 10 次方时的利息如下：

$1.07^{10} \approx 1.9672$

这个数值是原来的 2 倍左右。积土成山说的就是这个道理，何况 7 分的利息已经不算少了，相当于 1 万日元就能产生 700 日元的利息。日本在 20 世纪 60 年代后期的年利率是 24%，真是利息多得不得了。

在一些历史舞台剧里，经常会上演一些坏人放高利贷，以"十一"的利息借钱给别人的戏码。"十一"的意思是每十天就加一成利息。仔细想一想就会发现这个规则简直无比荒唐。如果不相信，就让我们计算一年以后会产生多少利息。

假设我们现在向高利贷借了 100 万日元。每十天就加一成利息，所以 1 个月会加 3 次利息，也就是：

$100 \times 1.1^3 \approx 100 \times 1.331 = 133.1$ 万日元

请大家回想一下本小节开头的计算：大约 3 成的利息滚 3 次以后的金额就会变成本金的 2 倍。而 1 个月 3 成的利息只要持续 3 个月，金额就会翻倍。换句话说，只需要 3 个月的时间，这个高利贷的债务就会变成 200 多万日元。那么 1 年以后（为了方便计算，将 365 天视为 360 天），也就是 36 个十天之后的债务情况如下：

$100 \times 1.1^{36} \approx 100 \times 30.9 = 3090$ 万日元

通过计算得到了一个惊人的结果：100 万日元利滚利过了 1 年以后变成了约 3000 万日元。如今，这种高利贷已经被日本法律明令禁止了。不过，通过上述的例子，我们至少明白了复利的利息会不断叠加，借的钱也会像滚雪球一样越滚越多。因此，希望大家不到万不得已不要轻易借钱，借了钱一定要记得还。

此外，还有一种借钱方式——住房贷款，这种方式的利息没有高利贷那么高，日本的年利率大约是 4 分（0.04%）左右。贷款是从借款的那个月开始，每个月都需要还款，所以与纯粹的借款情况并不相同。此处，我们仅仅计算一下在纯粹借款的情况下，最终的还款金额会变成多少。假设年利率是 4 分，借款 10 年，还款金额会变成多少呢？

$1.04^{10} \approx 1.4802$

大约是借款的 1.5 倍，也就是说，借款 3000 万日元时需要还款 4500 万日元，所以得出结论：借钱还需尽快还！

大数定律

在试验不变的条件下，重复试验多次，随机事件的频率近似于它的概率。这个规律就是大数定律。

▼ 从一杆进洞的概率角度来看保险

"大数定律"，仅看这个名字，实在想不到其中的内容是什么。为了便于大家理解，此处就以打高尔夫时发生一杆进洞的概率为例，为大家说明。假设以往的数据显示，打高尔夫时发生一杆进洞的概率为两万分之一，那么这个概率同样能够作为"未来打高尔夫时发生一杆进洞的概率"来使用。原因就是，这个概率是通过研究大量数据获得的，所以基本可以认为是正确的。也就是说，只要不停地击打高尔夫球，那么发生一杆进洞的概率就是两万分之一。

根据传统惯例，一旦打出了一杆进洞，那么就要开派对来庆祝。

　　因为开派对的费用是本人承担，所以就有人建立了一个专门为此负担费用的一杆进洞保险。而在加入该保险时，刚才的"两万分之一"的概率就显示出它的用途了。

　　不管是人寿保险还是非人寿保险，其原理其实都是一样的。虽然根据加入者的年龄不同，金额会有较大的变化，但其实这些保险都需要考虑死亡率——年均死亡人数。这一小节，我们暂且不考虑保险退还款❶、保险公司的利益和保险金的运用利益等要素，仅看一看其框架结构。

　　贩卖或者募集保险时，由于需要计算保险金额，所以一定要设定一个目标合同数，我们称之为合同对象件数。

　　我们考虑一下合同对象件数为 1 万件的保险。此处假设合同对象的 1 万人里 1 年之内发生死亡的件数为 1000 件，合同对象死亡时公司需要支付的保险金为 500 万日元。那么，我们可以按照下述方式，计算出在此条件下 1 年期间的保险金额。

　　首先，我们知道合同对象的死亡概率为 $\dfrac{1000}{10000}$ =0.1（10%）。假设这个死亡频率今后也能一直沿用下去——也就是"大数定律"。那么，此时该如何计算保险费的金额呢？

---

❶　加入保险后如未使用，那么每年都可获得一定程度的退还款。——译者注

需要支付的保险金额 =500 万日元 × 1000 件

这个金额需要合同对象全员负担，所以保险费的金额计算如下：

500 万 × 1000 件 ÷ 1 万件 =500 万 × 0.1（死亡频率）= 50 万日元

50 万日元，就是签约者需支付的 1 年的保险费用。

仅看这一方面，好像原理十分简单，其实，这就是保险计算的本质。如果签约对象是老年人，那么死亡率会有所上升，保险费用因此也会随之上升，这是因为合同对象的死亡频率越高，刚才算式当中的 "0.1" 会越大。

▼ 自17世纪起就未曾改变的保险

保险业的历史悠久。成立于 17 世纪的英国劳埃德保险公司作为世界首屈一指的保险机构，名誉响彻全球。劳埃德公司的组织形式十分独特，它并非传统形式的股份公司，而是由公司的投资者个人承担投保风险，签的保险合同还是无限责任 ❶。除了个人以外，符合条件的金融行业人员和

---

❶ 无限责任是指当企业的全部财产不足以清偿到期债务时，投资人应以个人的全部财产用于清偿，实际上就是将企业的责任与投资人的责任连为一体。——译者注

贸易行业也可承担投保风险。

　　如同莎士比亚以船舶航海的危险为主题创作的戏剧《威尼斯商人》一样，此类型的保险风险极高。彼时，英国的海运业在世界上名列前茅，海运消息成为船东和商人时常谈论的话题。而记载了与船舶的运行状况相关的准确信息的报纸，更是成为了人们争相追捧的对象——爱德华劳埃德正是该报纸的创办人，他在泰晤士河畔开了一家咖啡馆，这里成了海运保险交易的发源地。

　　保险业的本质其实就是一句话——"我为人人，人人为我"。不过，当今社会的保险公司大多是资本主义社会的企业，并不是慈善事业。

　　最近，一些保险开始放松了对高龄者的加入限制。不过，在签合同之前，大家一定要仔细阅读宣传手册上用小字记载的部分。面向高龄者的保险，伴随而来的必定是死亡率和患病率极高，因此会有许多不同种类的限制。也许写着"如果在〇年以内去世，能领取的金额就只有已支付的保险费用"等重要信息，因此大家切记要慎重地阅读那些小字体的注意事项。

相加平均数

指一般的平均数，即将 n 个数相加的和除以 n 得到的数。

$$相加平均数 = \frac{数据之和}{数据的个数}$$

相乘平均数

将 n 个正数相乘的积开 n 次方。

$$相乘平均数 = \sqrt[n]{n \text{ 个正数的积}}$$

调和平均数

将 n 个不为 0 的数的倒数相加再取其倒数

$$调和平均数 = \frac{数据的个数}{数据的倒数之和}$$

▼ 人生多姿多彩，平均数五花八门

　　一般来说，我们在小学学的平均数，都是**"相加平均数"**——也就是将所有的数据相加，然后除以其个数。我们称之为**"平均值"**。

事实上，在数学世界中，平均数并非只有这一种，还有许多五花八门的平均数，像是上述表格中介绍的"**相乘平均数**"。假设现在有一份调查结果显示，某种洗涤剂的定价为 300 日元时，顾客觉得价格偏低；而定价为 600 日元时，顾客又觉得价格偏高。那么，在 300 日元到 600 日元到底应该如何定价，才能让顾客觉得是实惠的价格呢？

● 相乘平均数的例子

假设现在有 300 日元和 600 日元的洗涤剂。
那么只需求出其相乘平均数即可。

相乘平均数
$$= \sqrt{300 \times 600} \approx 424.2 \approx 424（日元）$$

此时，就到了相乘平均数发挥威力的时候了。通过计算得到，300 日元与 600 日元的相乘平均数为 424 日元。这就是一个既能让企业盈利，又能让顾客感到实惠的价格了。其实一般人觉得的实惠感仅仅是凭着自己的经验判断的，而并非有什么具体的证明。不过相乘平均数对于给商品定价，确实是十分有效的。

▼ 能让你迅速作出预测的调和平均数

那么，午餐又该如何定价呢？显然，相乘平均数的方法并不适用于食物。此时，就轮到"**调和平均数**"闪亮登场了。需要注意的是，这也没有具体的证明，而仅仅是靠经验进行判断的。

比如，现在要给一家汉堡排店的三个午餐套餐定价。最便宜的是 500 日元的服务套餐；其次，主打的是一款名为和风汉堡排的套餐（以下简称和风套餐），想要定价为 750 日元，这是店家能够获取最大收益的一款套餐；最后，是豪华汉堡排套餐（以下简称豪华套餐），这款套餐的价格最高，因为店家想要通过豪华套餐的定价，凸显 750 日元的和风套餐看上去很实惠。而由于大家一般都会认为 500 日元的套餐很便宜，所以店家盈利的关键，就在于豪华套餐的定价了。

● 调和平均数

$$750 = 2(\text{数据的个数}) \div \left(\frac{1}{500} + \frac{1}{x} \right)$$

$$750 = 2 \div \frac{x + 500}{500x}$$

$$750 = 2 \times \frac{500x}{x + 500}$$

$$750(x + 500) = 1000x$$

$$750 \times 500 = 250x$$

$$x = 1500$$

　　此时，使用调和平均数的概念，假设豪华套餐的价格为 x，通过上述的计算即可得到结果。看来，只需要将豪华套餐的价格定为 1500 日元，就能够凸显 750 日元的和风套餐的实惠感，使其卖得更好。

　　只要能够灵活运用这些平均数的公式，即使是没有经验的年轻商人，或许也能够达到一些熟练人士 80% 的水平，进行一些必须通过常年的经验才可以进行的判断。只不过，希望大家一定不要忘记的是，仅通过一些算式，是永远都无法掌握熟练人士拥有的能力。

期望值公式

试验中每次得到的所有数据的平均值。

假设试验所得的数据 X 分别为 $x_1, x_2, x_3, \cdots, x_n$，

得到这些数据的概率分别为 $p_1, p_2, p_3, \cdots, p_n$，那么，

X 的期望值如下所示：

期望值 $= x_1 \cdot p_1 + x_2 \cdot p_2 + x_3 \cdot p_3 + \cdots + x_n \cdot p_n$

骰子的期望值

$E = 1 \times \dfrac{1}{6} + 2 \times \dfrac{1}{6} + 3 \times \dfrac{1}{6} + 4 \times \dfrac{1}{6} + 5 \times \dfrac{1}{6} + 6 \times \dfrac{1}{6} = \dfrac{21}{6} = 3.5$

▼ 能在赌场赚钱的概率学知识

众所周知，骰子掷出 1~6 中任何数字的概率均为 $\dfrac{1}{6}$。像这种具有一定概率出现的数，我们称为**"随机变量"**。

而将这些随机变量每次可能出现结果的概率乘以其结果的总和，就叫作**"期望值"**。一般来说，期望值的计算公式如上述所示。当期望值的随机变量代表金额时，期望值也被称为期望金额。

接下来，让我们以赌场中常见的轮盘赌为例考虑一

下。在轮盘赌中，根据赌法不同，猜中结果得的奖金也不同。

● **在蒙特卡洛轮盘赌中押**
100 日元至红色时的情况

红 18 / 37	获得赌金 100 日元的 2 倍奖金
黑 18 / 37	没收 100 日元赌金
0 1 / 37	没收 50 日元赌金

期待值是
98.65日元吗?

此处只考虑最简单的赌红和黑的轮盘赌。

在一般的赌场里，蒙特卡洛轮盘赌十分出名，这种轮盘赌的轮盘上，数字 1 到 36 分别被赋予红或黑的颜色，0是一个特殊的存在。弹珠最终落到红色数字还是黑色数字上，概率应该基本相当于 $\frac{1}{2}$。

比如，现在押 100 日元到红色上，那么只要猜中了就能获得 200 日元的奖金。如果弹珠最终落到黑色数字上，那么这 100 日元的赌金就会被没收。而如果弹珠落到 0 上，那么赌场会没收一半的赌金（50 日元）。

接下来，让我们计算一下在这种形式的轮盘赌中，押100 日元至红或黑的期望值是多少。只有在自己猜对的情况下，才能获得 200 日元。轮盘一共有 37 个格子，其中红色和黑色各 10 个。因此，不论是押红色还是押黑色，赌金

翻倍的概率都是 $\dfrac{18}{37}$。同样，赌金变为 0 的概率也是 $\dfrac{18}{37}$，而赌金变为 50 日元的概率则是 $\dfrac{1}{37}$。

以上是已知条件，接下来我们要通过计算求出赌博的期望值，或者说是期望金额。

$$200 \times \dfrac{18}{37} + 0 \times \dfrac{18}{37} + 50 \times \dfrac{1}{37} \approx 98.65$$

结果显示，如果你长期在赌场玩这个游戏，那么你的 100 日元将会变成 98~99 日元。至此，理性的人应该可以做出自己的判断了：如果是这样，那还不如不玩呢。不过，肯定也有人会这样想：损失的钱就当作玩游戏娱乐的费用了。这种想法确实也有一定的道理。

其实，赌博就相当于人生中的调味料。调味料能够升华菜肴的味道。但是，人不可能只靠吃调味料生存。据说连佛祖都曾经说过，凡事适可而止。

那么，赌场老板到底能够通过轮盘赌赚多少钱呢？

100-98.65=1.35

也就是说，赌场老板在每 100 日元中就能获得 1.35% 的利润。有些人可能会觉得这利润有点低，但是，除了轮盘赌之外，一个赌场中还有许多其他的游戏，并不是所有游戏的利润率都这么低。此外，很多人在赌场中赌博时，都是挥金如土。所以说，即使利润率只有 1.35%，赌场老板也绝对是稳赚不赔的。

对立事件

对于某个事件来说，另一个事件必不可能发生。

比如，掷骰子时得到一个骰面的概率为 $P(A) = \dfrac{1}{6}$

因此，对立事件的概率 $P(\overline{A}) = 1 - P(A) = 1 - \dfrac{1}{6} = \dfrac{5}{6}$

也就是说，掷骰子时，不会掷出两个骰面的概率为 $\dfrac{5}{6}$ 。

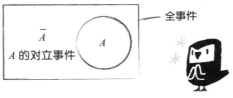

全事件

$\overline{A}$

A 的对立事件

A

▼ 中不了彩票的概率有多少

　　最近，日本彩票的当选金额变得十分丰厚。原来一等奖还只有 3 亿日元，但现在已经上涨到了 7 亿日元。不仅如此，其他奖项的当选金额也同步上涨，所以肯定有很多人会想"这要是中彩票了，那可真是发财了"。这一小节，就让我们使用对立事件的概率，确认一下中彩票的概率究竟有多少。

因为 2003 年的年末巨型彩票（一等奖 3 亿日元）比较容易计算，所以此处就计算一下那一年的当选概率。当年发行了 100 组，一共 1000 万张的彩票。一等奖初始金额是 2 亿日元，加上前后号码奖各 5000 万日元，一共是 3 亿日元。

一等奖和前后号码奖的号码，是从 1000 万个号码里抽出 3 个，因此可以得到

$$\frac{3}{10000000} = 0.0000003$$

可以看出，这个概率简直微乎其微。我的一个专攻物理的朋友甚至说道："这种概率的事情几乎不可能发生。"

那么，需要持续不断地买多少次彩票，才会比较容易中奖呢？我们将这个问题转化为概率的问题来考虑一下。中奖的概率，即为 1 减去买多少次都中不了奖的概率，这种思考方式就用到了"对立事件"的概念。买 1 次彩票中不了奖的概率是：

1−0.0000003=0.9999997

接下来就以此为基准，计算一下不管买多少次都无法中奖的概率。比如，买 3000 次彩票都无法中奖的概率是多少呢？买 3000 次彩票也就相当于将买 1 次彩票的事件重复 3000 次，因此，答案就是 0.9999997 的 3000 次方。

$0.9999997^{3000} \approx 0.9991$

这就是买 3000 次彩票也中不了奖的概率。换句话说，

这其实也是买 3000 张彩票也中不了奖的概率。

那么，买 3000 次彩票中奖（买 3000 张彩票中奖）的概率又是多少呢？只需用 1 减去 0.9991 即可。

1−0.9991＝0.0009

约为 0.001，即 0.1%。买 3000 张彩票需要花费大概 90 万日元。花 90 万日元，去赌 0.1% 的中奖率，做这件事到底值不值得，想法应该也是因人而异的。

以此类推，买 3 万张彩票的中奖率为 1% 左右。不过，需要花费大概 900 万日元。就算是一个 50 人的小团体，购买这么多的彩票，平均一个人也要花费 18 万日元左右。万一中奖了，奖金就是 2 亿日元，平均每个人可以分得 400 万日元。花 18 日元，去赌只有 1% 可能性的 400 万日元，似乎也并非什么明智之举。

▼ 彩票的真实期望值

那么，假设长期买彩票最终会达到一个期望值，或者说接近一个返还率。

彩票的返还率一般都被设定在 45% 左右。2013 年的年末巨型彩票和年末巨型迷你彩票的返还率都是 49.6%。也就是说，按照这个设定，只要一个人坚持不断地买彩票，那么他的 1000 日元财产最终会变成 496 日元。换句话说，常年买彩票会让你的资产减半。当然，买的途中也有可能会中奖，所以，对买彩票这件事的看法，真的是因人而异。

作为参考，此处将 2013 年的年末巨型彩票的资料附下，感兴趣的读者可以试着计算一下。

奖项	中奖金额	张数
一等奖	5 亿日元	60 张
一等奖前后号码奖	1 亿日元	120 张
一等奖错组奖	10 万日元	5940 张
二等奖	100 万日元	1800 张
三等奖	3000 日元	6000000 张
四等奖	300 日元	60000000 张
除夕特别奖	5 万日元	180000 张

Part 4

自然科学与技术中的"数学"

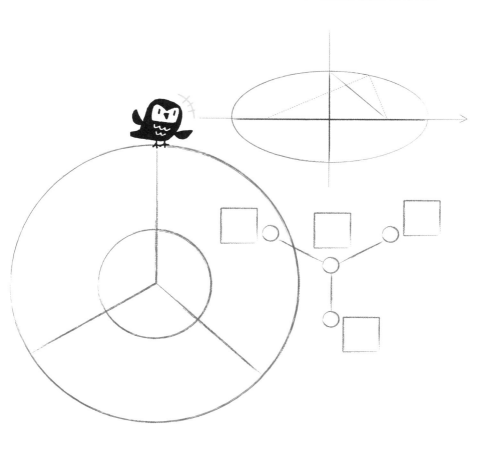

椭圆

满足"平面内一个动点到两个定点的距离之和是常数"条件的轨迹就是椭圆

椭圆的标准方程

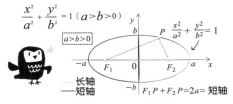

$$\frac{x^2}{a^2} + \frac{y^2}{b^2} = 1\ (a > b > 0)$$

$a > b > 0$

P $\frac{x^2}{a^2} + \frac{y^2}{b^2} = 1$

—— 长轴
—— 短轴 $F_1P + F_2P = 2a =$ 短轴

焦点 F_1 的坐标（$-f$,0）=（$-\sqrt{a^2-b^2}$,0）

焦点 F_2 的坐标（f,0）=（$\sqrt{a^2-b^2}$,0）

▼ 哥白尼的信念

历史上，有一位名为哥白尼的伟大天文学家，他提出了太阳是宇宙的中心的说法，并建立了地球围绕太阳运动的太阳系模型。当时，地心说（地球是宇宙的中心，又名天动说）的说法已经发展并流行了一千多年，不过随着观测技术的提升，人们观测到了越来越多地心说无法解释的现象。于是，大多数人都觉得哥白尼的日心说（又名地动说）比起传统的地心说，更加准确。

　　不过，历史却并非如同这只言片语般轻松。在当时，地心说已经流行了一千多年，并为了自圆其说，更加准确地表现天体的运行，一代又一代的学者花费了毕生心血，不断地创建新的概念和假设来对其加以调整和修改。

　　地心说和日心说最本质的区别就是，天体运动的中心到底是"太阳"还是"地球"。虽说我们知道，地球是围绕着太阳转的，但其实根据表现方法不同，两种说法都有各自的道理 ❶。因此，问题的关键就在于，哪种说法更加符合逻辑。

　　就在哥白尼提出日心说的同一时期，罗马天主教会正好在进行修正历法的计算。因为当时流行了一千年以上的儒略历 ❷ 显示的春分之日，与实际的春分日相差了 10 天左右。虽说教会此前一直禁止日心说流传，认为其是异端学说，但为了制定更加准确的历法，教会人员曾秘密对日心说进行过验证。结果，根据日心说计算出的历法比地心说的误差还要大。因此，他们得出结论：日心说的误差比地心说还要大，不可能比地心说更准确。这般想的人，似乎都拥

❶　因为运动是相对的。——译者注

❷　由罗马共和国独裁官儒略·凯撒（又译盖乌斯·尤里乌斯·凯撒、加伊乌斯·朱利叶斯·凯撒、裘力斯·凯撒等）采纳埃及亚历山大的数学家兼天文学家索西琴尼的计算后，于公元前 45 年 1 月 1 日起执行的取代旧罗马历法的一种历法。——译者注

有着"科学是万能的"的错误思想。毕竟在经过一千多年调整和修改的日心说的主要著作中，清楚地记载着太阳是绕着地球转的。

那么，哥白尼的日心说到底哪儿错了呢？原来，出生于波兰的天才修道士哥白尼，从小开始接受的就是罗马天主教会的洗礼，所以他也和前人一样严重低估了太阳系的规模。他认为在这个神创造的世界中，所有的星体运行轨道都应该是完美的圆形。所以，在他提出的日心说中，他认为地球是以一种"正圆形轨道"的形式绕着太阳转的。

而这，正是他无法准确表现天体运行的最主要原因。事实上，现在我们已经知道，行星都是以"椭圆轨道"围绕着太阳运转的。因此，毫无疑问，哥白尼的正圆轨道说，当然无法跟拥有一千多年历史积淀的地心说天体模型相匹敌。

▼ 开普勒的结论

与哥白尼不同，开普勒认为"行星的运行轨道必定是椭圆形的"。他通过研究火星轨道的观测结果得出结论：所有行星绕太阳的运行轨道都是椭圆形。

其实把一个圆沿直径方向拉伸或者缩短就能得到椭圆。

然而，这种方法并不能表现出椭圆的重要性质，那就是**满足"平面内一个动点到两个定点的距离之和是常数"条件的轨迹**。只要使用这个条件，就可以得出椭圆标准方程。而椭圆的这两个定点，我们称之为"焦点"，其直角系坐标如本小节开头的图所示。

开普勒三大定律

第 1 定律（椭圆定律）
所有行星绕太阳的轨道都是椭圆，太阳在椭圆的一个焦点上。

第 2 定律（面积定律）
行星和太阳的连线在相等的时间间隔内扫过的面积相等。

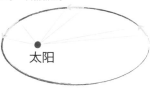

太阳

第 3 定律（调和定律）
所有行星公转周期（绕太阳一周的恒星时间）的平方与它们轨道半长轴的立方成比例。

　　开普勒通过研究火星的观测结果，得出了太阳在地球绕太阳的椭圆轨道的一个焦点上的结论。之后，他陆续发现了与行星轨道有关的开普勒三大定律。顺便说一句，开普勒也是一位虔诚的基督教徒，据说他内心也曾希冀过行星的运行轨道为完美的正圆形。

　　然而，现实往往不会尽如人意。开普勒也曾试着把椭圆轨道强行塞进球体中，想要从中找出哪怕一丝的可能性。但他的这些尝试，最终全都以失败告终。虽说历史上有这样一段小插曲，但毫不夸张地说，开普勒三大定律照亮了人类科学的历史。

动能定理

假设物体的动能为 K，质量为 m，速度为 v，则有

$$K = \frac{1}{2} mv^2$$

▼ 将全垒打中棒球的飞行距离用算式表示会是什么样？

看过棒球比赛的读者都知道，人们在观战的时候，通常会比较在意两件事情——投手的投球球速和全垒打（也称本垒打）的棒球飞行距离。如果将这些全部用算式表示，会是什么样呢？

"全垒打的棒球飞行距离很远"，代表的是棒球拥有的能量很大，也可以说是棒球做了很多的功。此处的"能量"（准确来说应该是动能）和"功"，在物理学中代表的意思相同。只要求出了物体做的功，就可以求出物体的动能。

对一个物体做的功，可以用"对该物体施加的力，与该物体在力的方向上移动的距离的乘积"来表示。

用公式表示就是"力 × 距离 = 功"。而这，就是这个物体拥有的动能。

接下来，让我们用公式来表示"功（动能）"。假设物体的质量为 m，移动的速度为 l，耗费的时间为 h，物体的速度为 v，表示速度变化的加速度为 a，那么就有力 $F=ma$ 的关系。

加速度代表的是速度的变化，因而有 $v=at$ 的关系（t 为使用加速度 a 移动的时间）。对于移动的距离 l，则有 $l=\frac{1}{2}at^2$ 的关系。

同时，我们知道功等于力 × 距离，如果用 w 来代表功，那么就有

$w=Fl=ma \cdot \frac{1}{2}at^2$

再将 $v=at$ 带入此公式，即可得到动能公式：

$w=\frac{1}{2}ma \cdot at^2=\frac{1}{2}m(at)^2=\frac{1}{2}mv^2$

▼ 将动能公式应用到棒球的飞行距离！

接下来就根据这个公式，看看如果想把棒球打得更远，

需要怎么做。

因为动能与物体的质量 m 成正比，所以当物体的质量变为原来的 3 倍时，物体的动能也会变为原来的 3 倍。而速度 v 的平方又与动能成正比，那么当物体的速度变为原来的 3 倍时，物体的动能会变为原来 3 倍的平方，也就是9 倍。换句话说，想要让棒球飞得更远，增加棒球的速度要比增加棒球的质量效率来得更高。而在通常的棒球比赛中，棒球的重量都是有严格规定的，必须要在一定范围之内，所以想要棒球飞得更远，就只有增加棒球速度这一个方法了。

另外，想要赋予棒球动能，则必须要在球棒接触棒球的一瞬间将动能转移到棒球上。可是，由于投手投球时也会赋予棒球一个动能，所以球棒会被棒球击退。而且，如果棒球飞过来的速度很快，就很难将其击退，甚至都很难打到棒球。假设击球时球棒未被棒球击退，那么减去球棒的回弹系数部分，剩下的动能全部都会传到棒球身上，由此可以得出结论：只要准确击中球速较快的棒球，就能使棒球飞得更远。

当然，想要击中棒球的击球手和不想棒球被击中的投手，他们各自都会产生一些不可忽视的人为因素。因此，仅用公式来判断是不可取的。此处考虑的，仅仅是击球手一方使用球棒完美击打到甜蜜点 ❶ 的情况。

　　同理，击球手挥舞球棒的杆头速度，也会对棒球的动能产生一个平方值的影响。如果将球棒的质量改成原来的 1.5 倍，那么产生的动能也会变成原来的 1.5 倍。

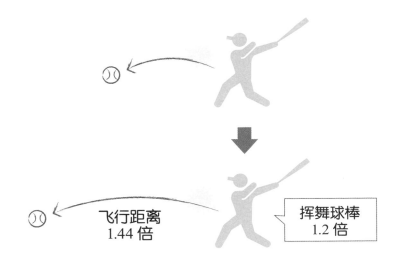

飞行距离
1.44 倍

挥舞球棒
1.2 倍

　　不过，如果球棒变成了 1.5 倍重量，那么想要挥舞出和原来一样的速度，难度应该不小。与其这样，倒不如致力于更加快速地挥舞球棒，这样一来，说不定能够达到平常速度的 1.2 倍左右。如果球棒的挥舞速度能够达到原来

---

❶　每一支球杆的杆头，都有一个用于击球的最佳落点，能与球碰撞出最为"甜蜜"的美好感受，因而在高尔夫的专业术语里被叫作"甜蜜点"。它的正式名称是重力中心，所以甜蜜点的位置跟每个杆头的重心位置有关。——译者注

的 1.2 倍，那么能够赋予棒球的动能就会变为原来的 1.44 倍。所以，如果想要增加棒球的飞行距离，比起使用更重的球棒，用更快的速度挥舞球棒的效率会更高。

四色问题

问题内容：任何一张地图能
否只用四种颜色就能使具有
共同边界的国家着上不同的
颜色呢？

▼ 使用计算机成功证明的问题

据说，四色问题是在制作地图的厂房被提出来的。因为一般在地图上，都需要将相邻的国家沿着国境线涂成不同的颜色，所以，四色问题也可以说是那些制作地图的工匠们，利用数百年的经验验证出的结论。

而这个问题在数学界，据说是由弗朗西斯·葛斯里（Francis Guthrie）和他的哥哥弗雷德里克·葛斯里（Frederick Guthrie）首次提出的。从那以后，许许多多的数学家们都想用数学的方法证明出四色问题，但均以失败告终。

最终，四色猜想的证明于 1976 年由伊利诺伊大学的凯尼斯·阿佩尔（Kenneth Appel）、沃夫冈·哈肯（Wolfgang Hanken）和约翰·科赫（John Koch）借助计算机完成。

他们使用计算机足足计算了 1200 个小时，终于得到了结果。与一般的证明不同，这绝非人力可以办到的。虽然最初的证明十分复杂烦琐，不过发展到现在已经十分简单易懂了，因此，如今的学者们大多认为四色问题已经被解决了。

● **是否能够通过涂抹三种颜色来区分？**

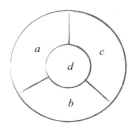

顺便一提，还有像"是否能够通过涂抹三种颜色来区分"这样的问题，答案是否定的。如上图所示，最中间的 d 部分，与 a、b、c 三个部分相邻，所以最少需要四种颜色。

那么，五种颜色又如何呢？答案是肯定的。这一点，在 1890 年已经由珀西·希伍德（Percy John Heawood）成功证明出了。

▼ 关键点是转换成图论

　　由于四色问题长期未能得到解决，于是一些人就开始使用一些制"图"的方法，具体如下：将上图中需要涂抹颜色的部分视为点，将国境相邻处以直线相连表示，就可以得到如下的图。

● 使用点和线来表示的"图"

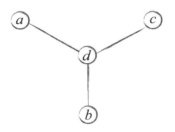

　　像这样，将地图转化成点和线的组合，虽然与坐标中的函数图像相去甚远，但是也称为图。

　　人们通过思考这样的图一共有多少种类，哪种图和哪种图在本质上是一样的等问题，且通过研究这些图各种各样的性质，建立了一个数学的分支，名为"图论"。举一个典型的可以实际应用这个理论的例子，一栋高层大楼一般拥有许多房间，如果不能高效地解决电力接线问题，那么屋子里的电线大概会变得一团糟吧。

　　借用这个思想，四色问题也可以转化成"如果给一个用线连接点和点的地图上色，那么，四种颜色是否就够了"

的问题。事实上，阿佩尔、哈肯和科赫正是借用了这个图论的概念，才成功证明出了四色问题。

▼ 图论在制作地图以外的领域方面的应用

虽说图论的概念，是萌生于给地图上色这件事，但其在现代社会中，却有着意想不到的广泛应用，如早期使用的移动通信系统。

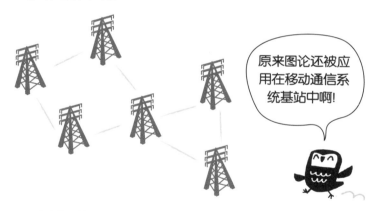

原来图论还被应用在移动通信系统基站中啊!

原来手机的通信方式是使用系统基站发出的电波，寻找不同频率的信道进行通信。不同的系统基站，只需使用不同频率的信道，就可以开始新的通话了。换句话说，如果某个系统基站和相邻的基站，使用的是同一个频率的信道，那么就很可能会发生打电话占线的情况。

因此，早期使用的类似 FDMA、TDMA 技术的移动通信系统，为了防止占线事件的频发，必须要保证相邻的系统基站使用的信道频率不同。而不论系统基站有多少，信道频率只需有 4 个种类就足以应付了——这是人们通过四色问题得到的启发，由此可见生活中真是处处都有数学的影子存在。

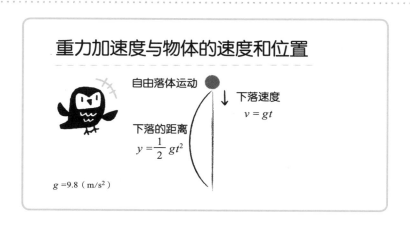

重力加速度与物体的速度和位置

自由落体运动

下落速度
$v = gt$

下落的距离
$y = \dfrac{1}{2} gt^2$

$g = 9.8\,(\mathrm{m/s^2})$

▼ 抛物线状的炮弹射程距离是什么

上图中的公式，描述的是伽利略曾经做过的关于"自由落体定律"的实验，其中心思想是，在地球上，不管是很重的物体还是很轻的物体，它们在自由下落时的重力加速度 g 是一样的。以相同的加速度下落 t 秒，速度就会变为 gt，而下落的距离则是 $\dfrac{1}{2} gt^2$。

接下来，就让我们使用这个公式计算一下大炮的射程距离，其中比较关键的因素是初速度的大小和方向。自由落体运动公式的前提是，物体完全不受除了重力之外的任何力的影响，再考虑物体在掉落时的速度和位置。

　　然而，大炮在发射炮弹时，会赋予炮弹一个发射速度。

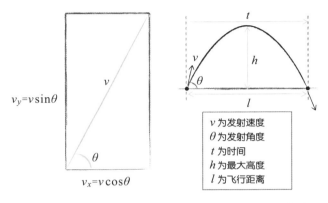

$v_y=v\sin\theta$

$v_x=v\cos\theta$

v 为发射速度
θ 为发射角度
t 为时间
h 为最大高度
l 为飞行距离

　　一直到发射完毕之后，炮弹才会只受重力的影响。

　　其次，再假设大炮发射炮弹的发射角度为 θ（此处不考虑空气阻力的影响）。那么，如上图所示，炮弹垂直方向的发射速度 $v_y=v\sin\theta$，水平方向的发射速度 $v_x=v\cos\theta$。而由于炮弹一直会受到一个向下的重力加速度 g 的作用，所以可以认为，当炮弹向上的速度 $v_y=v\sin\theta$ 与向下的速度保持平衡时，炮弹离地面的距离最远。然后，炮弹会继续从顶点往下掉落，那只需用炮弹砸到地面的时间，乘以炮弹的水平速度 $v_x=v\cos\theta$，就能得出炮弹的飞行距离了。

　　当炮弹处于最高点时，有：

$$v\sin\theta-gt=0 \quad \therefore \ gt=v\sin\theta \quad \therefore \ t=\frac{v\sin\theta}{g}$$

而这个数值的 2 倍，就是炮弹的落地时间。也就是说，

$$2t = \frac{2v\sin\theta}{g}。$$

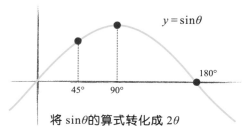

将 $\sin\theta$ 的算式转化成 2θ

那么，只需要用这个时间乘以炮弹水平方向的速度 $v_x = v\cos\theta$，就能计算出炮弹的飞行距离了。

通过计算可以得出炮弹的飞行距离：

$$2tv_x = 2tv\cos\theta = \frac{2v \cdot \sin\theta \cdot v\cos\theta}{g}。$$

再将三角函数中的倍角公式 $2\sin\theta\cos\theta = \sin2\theta$ 带入这个算式中，整理可得飞行距离为 $\frac{v^2 \sin2\theta}{g}$。

从这个答案可以看出，当大炮的发射角度为 45° 时，炮弹飞得最远。因为在飞行距离的算式 $\frac{v^2 \sin2\theta}{g}$ 中，唯一容易通过调整发生变化的就是 $\sin2\theta$，而当 $\sin2\theta$ 中的 2θ 等于 90° 时，这个算式能够取得最大值，所以得出了这个结论。

然而，实际的情况会更加复杂，因为还要考虑到由于炮弹的大小和重量而带来的空气阻力，以及风的因素等。如果将这些因素都考虑进来，刚才的计算将会变得复杂无比，而想要在射程以内准确击中目标更是难上加难。因此，那艘日本史上最大的大和号战舰，即使装备了 46cm 口径的舰炮，且号称最远射程距离 42km，但想要真正命中 42km 外的战舰，其实也近乎是一件不可能完成的事情。

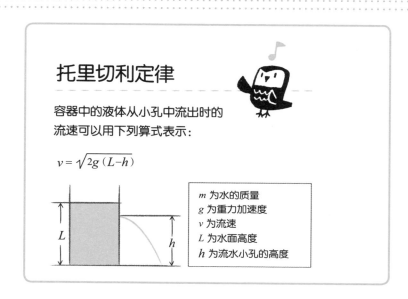

托里切利定律

容器中的液体从小孔中流出时的
流速可以用下列算式表示：

$$v = \sqrt{2g(L-h)}$$

m 为水的质量
g 为重力加速度
v 为流速
L 为水面高度
h 为流水小孔的高度

▼ 势能转化为动能

　　"托里拆利定律"是由意大利的物理学家埃万杰利斯
塔·托里拆利（Evangelista Torricelli）于 1643 年提出的，
这是一个有关流体从开口流出的流速的定律。不过，在这
个定律中，容器的小孔必须要满足一个条件：即这个小孔
要足够小，使容器中的水位不会下降到小孔以下。

"托里拆利定律"的中心思想是：水的势能能够转化成动能，也就是这两种能量守恒。

虽说该定律不会受到容器的影响，但是小孔处水的流速与小孔到容器中的水的表面距离的平方根成正比。因此，水面下降得越接近小孔的位置，小孔处水的流速就越小。我们基本可以认为，托里拆利定律适用于那些没有滞性效应的液体。

大家如果在医院打过点滴会发现，等到快要打完的时候，瓶中的液体下落得越慢，这其实就能用托里拆利定律来解释。

▼ 在无法保持水流匀速的漏刻上动的脑筋

在钟摆技术还未被发明出来的时代，深受托里拆利定律影响的道具是水钟。使用沙钟需要往里灌入大量的沙子，不然就无法长期使用；而日晷 ❶ 在没有太阳照射的阴雨天根本无法使用。因此，古代的人们认为水钟是最佳的长期计时

---

❶ 日晷是观测日影记时的仪器，主要是根据日影的位置，以指定当时的时辰或刻数，是中国古代较为普遍使用的计时仪器。——译者注

道具。

　　然而，通过托里拆利定律我们知道，水钟的水的流出速度并非匀速。所以，想要使用水钟，就必须想办法。在日本书籍上，有日本第一台水钟（不如说是时钟）的相关记载。齐明天皇6年（660年），中大兄皇子制作出了漏刻（水钟）。此外，天智天皇10年（671年）4月25日，漏刻大成，在新建的天文台上，有大钟和鼓来向民众们通知时间等，相关记载层出不穷。

　　顺带一提，将其中的4月25日转换成现代历法就是6月10日。这一天，也是日本的时间纪念日。

　　对于漏刻来说，保证水槽中的水量不变至关重要。如果仅从一个水箱放水，那么根据托里拆利定律，水的流出速度会变得越来越慢。于是，古人们想出了一个办法：将几个水槽并列摆放，使用虹吸管将它们相连，使水可以从最上方的水槽依次流入下方的水槽，使每个水槽中的水量一直保

持一致。如此一来，就可以保证一直有匀速的水流入最后一个水槽，以此带动水槽上设计好的人偶或者指示棍来显示时间。可即便如此，为了保证计时的准确性，还是需要专人来看守漏刻。古代的律法中甚至还专门设置了管理各个水槽水量的官职——漏刻博士 ❶2 人，守辰丁 ❷20 人。

　　一般的漏刻都建造得十分巨大，难以搬运，不过据传在古代，为了应对天皇的移驾，当时也建造了专门的移动用漏刻。据说，如今飞鸟宫的水落遗迹 ❸ 中，还留有从前使用过的漏刻的痕迹。

---

❶　中国古代文官官职名，在清朝之位阶为从九品。漏刻博士职能通常是天文历法换算，漏刻即为时间意思，为配置于钦天监官署之基层官员。——译者注

❷　负责依照漏刻打更报时，于漏刻办工作。——译者注

❸　位于日本奈良。——译者注

二进制

以 2 为基数，将所有数用 0 和 1 来表示的记数法。将二进制的 101001 转换为十进制，所得的数如下：

$$101001= 1 \times 2^5+0 \times 2^4+1 \times 2^3+0 \times 2^2+0 \times 2^1+1 \times 2^0$$
$$=32+8+1= 41$$

▼ 二进制与十进制

众所周知，计算机采用的是二进制，只能识别 0 和 1 两个数字。区别类似开或者关、选择让电流往右还是往左等这种只有两个选项的事物时，使用二进制会非常方便。

十进制的数字，每位数的数字都可以用 10 的 n 次方进行表示。比如说，千位数的数字代表这个数一共有多少个 10^3；万位数的数字则代表这个数一共有多少个 10^4。

同样地，二进制百位数的数字代表这个数一共有多少个 2^2；千位数的数字则代表这个数一共有多少个 2^3。

在二进制中，只能出现 0 和 1 这两个数字。一旦有 2 这个数字出现，2 就会变成 2^1，需要进一位。

二进制表	0	1	10	11	100	101	110	111	1000	1001	1010
十进制表	0	1	2	3	4	5	6	7	8	9	10

这与十进制中，出现数字 10 时需要进位是同一个原理。比如说，在二进制中想要表示数字 3，就可以将其分解成 2 加 1，有 2 需要进一位，因此最终表示为 11。二进制就是通过这种形式，用 0 和 1 两个数字来表示所有的数字。

▼ 条形码是如何起作用的？

通过上述描述我们已经知道，在二进制中，所有的数字都是用 0 和 1 两个数字来表示的。条形码正是利用了这个原理。接下来，就为大家说明一下条形码的工作机制。

条形码是通过黑色竖条和白色竖条的相互组合来表示数字的。也就是说，条形码只能借助用 0 和 1 来表示其他数字的二进制机制来完成。日本的 JAN 条码规格，是根据国际标准建立起的体系，是通过二进制的 13 位（十进制的位数）数字，来表示各种商品的种类和价格的方法。

最开始的两位数被称作旗码，代表的是国家的代码。日本的代码是 49，而将 49 用二进制表示就会变成黑色竖条和白色竖条的相互组合；接下来的五位数代表的是厂商或者发售方代码；随后的五位数代表的是商品代码。

● **13 位数条形码**

至此，一共出现了 12 个数字，那么，最后一个数字代表的又是什么呢？原来，读取条形码中的白色竖条和黑色竖条需要使用专门的光学读取装置，万一读取错误，可能会显示成完全不同的商品和价格。

因此，第 13 个数字（校验位）的作用，就是判断条形码是否被装置准确读取。第 13 个数字的设定方法是，将前 12 个数字中的偶数位数字之和乘以 3 后加上奇数位数字之和，最后令得到的数加上第 13 个数字等于 10 的倍数，这样就能倒推出第 13 个数字了。如果装置在读取条形码时，发现最后相加的数字不为 10 的倍数，那么就说明读取错误了。

▼ 二进制还能判断命题的真伪

计算机不仅能够进行数字的运算，还可以进行逻辑运算，判断命题的真伪。这也会运用到二进制的原理。

比如说，现在假设数字 1 对应真，数字 0 对应伪。也就是说，当命题 A 为真时显示的数值为 1，命题 A 为伪时显示的数值为 0。命题 B 同样如此。

接下来，希望大家回想一下在数学中使用的"且"这个字。A 且 B 为真命题时，代表的意思是命题 A 和命题 B 必须同时为真命题。如果用刚才对应的数字 1 和 0 来表示，命题 A 为真，则 A 为 1；命题 B 为真，则 B 为 1。将 A 和 B 的值相乘，可以得到 1×1 等于 1。

因此，想要判断"且"命题是真还是伪，只要将 A 和 B 的值相乘即可。如果 A 和 B 的值均为 1，相乘就可以得到 1，那么 A 且 B 的值为 1，是真命题；而如果 A 和 B 中有一个值为 0，相乘得到的就是 0，那么 A 且 B 的值为 0，是伪命题。像这样，通过二进制的计算也可以判断命题的真伪。

伯努利定理

在一个流体系统，如气流、水流中，流速越快，流体产生的压强就越小。

升力

▼ 将飞机往上压的机制

　　小时候，我经常会自己组装一些战舰和飞机的模型。当时，我最爱的一款战斗机是被称为双胴恶魔的美军 P−38 闪电战斗机。并且，我一直对那款战斗机的机翼感到好奇：它为什么会是这个形状呢？毫无疑问，正是这样的好奇，引领我迈出了跨进科学大门的第一步。

　　飞机机翼的前方呈圆滑状，后方则呈与平面相近的曲线状，这种形状可以使飞机在空中飞行时获得一个向上的升力。

　　原因就是，机翼上方曲面的空气流动的流速要比下方的空气流速快。

　　此时的情况，正好可以用**"伯努利定理"**进行解释。**如果机翼上方的空气流速更快，那么其上方的空气压强就比下方小**。如此一来，从下往上的压力就比从上往下的压力更大，这就是升力（把飞机往上压）的产生原理。

▼ 试着计算一下升力

　　那么，飞机的机翼到底承载了多大的压强呢？事实上，对机翼的研究，必须要结合理论和实际，真正细说起来，内容十分复杂，并且会涉及许多细致的公式。此处仅挑选出其中最简单的公式进行计算。

　　把飞机往上压的升力 L 用下列算式表示：

$$L = \frac{1}{2} PV^2 SC$$

　　其中，P 为空气密度、S 为主机翼面积、V 为飞行速度、C 为升力系数（由机翼形状决定）。通过算式可以知道，升力与空气密度 P 和主机翼面积 S 成正比，与飞机的飞行速度 V 的平方成一定比例（平方时不成正比）。

　　一架飞机想要成功飞行，那么它在空中所受的升力至少要与飞机的重量相等。在这些与升力成比例的要素当中，有一项是平方项，也就是说，升力受其影响会比其他因素更大。

当飞机的飞行速度变为原来的 2 倍时，升力的大小会变为原来的 4 倍；当飞机的飞行速度变为原来的 4 倍时，升力的大小则会变为原来的 16 倍。

此外，升力还与飞机的主机翼面积成正比。也就是说，当主机翼面积变为原来的 2 倍时，升力的大小也会变为原来的 2 倍；当主机翼面积变为原来的 $\frac{1}{2}$ 时，升力的大小也会变为原来的 $\frac{1}{2}$。

而且，升力还与空气密度成正比。地表附近的空气密度大约是 0.125，高度越高，空气就越稀薄，结果就会导致与空气密度成正比的升力的大小也下降。

那么，大家一起思考一下，如果要将一架总重量 40 t，主机翼面积为 150 m²，飞行速度为 500 km/h 的水平飞行的飞机增重至 60 t，请问应该如何调整这架飞机？此处假设空气密度 P 恒定为 0.125，根据题目可知，增重后的升力为原来重量 40 t 的 1.5 倍。如果仅考虑改变主机翼的面积，那么根据 150×1.5=225 可知，应该把面积扩建至 225 m²。

如果仅改变飞机的飞行速度来对应的话，又会怎样呢？飞机的升力与飞行速度的平方成一定比例，所以要让升力变为 1.5 倍，就必须要把速度变为原来的 $\sqrt{1.5}$ 倍，大约是 612 km/h。当然，还要考虑到飞机材料的承受力等因素，并不是简简单单就能设计出来，此处的计算仅供参考。

在考虑飞机问题的时候，还必须考虑一项重要的数值——$\dfrac{L}{S}$，即"翼载荷"，表示的是每平方米的机翼能够承载多少重量。

巨型喷气式客机的翼载荷大约是 690 kg，也就是说，机翼的每平方米都能承载 12 位体重为 60 kg 的乘客。可见，飞机的机翼真的是压力山大呢！

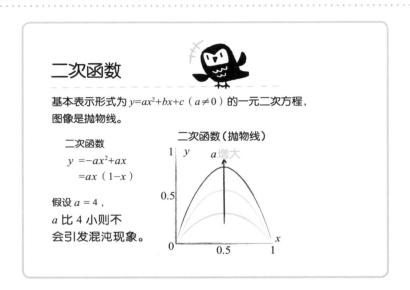

二次函数

基本表示形式为 $y=ax^2+bx+c$（$a \neq 0$）的一元二次方程，图像是抛物线。

二次函数
$$y = -ax^2+ax$$
$$= ax（1-x）$$

假设 $a = 4$，
a 比 4 小则不会引发混沌现象。

二次函数（抛物线）

a 增大

▼ 违背牛顿经典力学理论现象的发现

对于投手来说，最有成就感的事情莫过于让击球手三振出局 ❶。然而，有时候扔球的方向仅偏离一点，最后扔出

---

❶ 在棒球运动中，当防守方的投手投出一个符合规则的好球，而进攻方的击打手没能击中球时，称为振。如果击打手连续三次未能击中球，得到三个振，就要在本局中被罚出局，这种情况就叫作三振出局。——译者注

来的球却会大大地偏离原来的方向。同样地,打高尔夫开球时,有时候球杆的角度仅仅偏了一点点,打出来的球甚至会飞到树林中去。

这些现象,其实都符合牛顿的"万有引力定律"。换句话说,不管是偏离还是不偏离,这些球的运动轨迹都近似于抛物线。

● 根据二次函数(抛物线)建造数列的方法

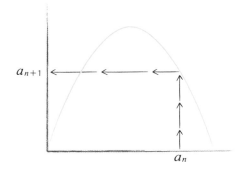

后来,科学家通过实验调查,发现了一些明明符合力学的各种设定,但仅仅因为一丝偏离,物体突然发生超出预期规律的无序运动现象。1961 年的冬天,有一位在数学方面也颇有才能的名为爱德华·洛伦茨(Edward Lorenz)的气象学家,使用 MIT(麻省理工大学)的由真空管组成的名为皇家马克比的计算机,打算进行气象模型的计算。与现代的视觉型大气模型不同,当时的模型还只能计算数值而已。

洛伦茨为了得到更加精确的数值，使用计算机进行了反复的计算。时间不知不觉地过去，一晃神的功夫，他发现计算机显示出的结果与刚才自动计算的结果完全不同。这个发现，其实就是关于微分方程的解的混沌现象。后来，他经过反复确认终于找到了原因，原来在一开始的计算中，他在录入数值时将"0.506127"这个数值省略成了"0.506"。初始值仅仅相差了"0.000127"，最终却得到了完全不同的天气结果。

换句话说，大气状态但凡发生一点细微的变化，最终都有可能导致出现完全不同的天气。不过，

0.3	0.30001
0.84	0.840016
0.5376	0.537556
0.994345	0.994358
0.022492	0.022441
0.087945	0.087748
0.320844	0.320192
0.871612	0.870677
0.447617	0.450396
0.989024	0.990158
0.043422	0.038982
0.166146	0.14985
0.554165	0.50958
0.988265	0.999633
0.046391	0.001468
0.176954	0.005863
0.582565	0.023314
0.972732	0.091083
0.106097	0.331147
0.379361	0.885955
0.941785	0.404155
0.219305	0.963255
0.684842	0.141579
0.863333	0.486136
0.471956	0.999231
0.996854	0.003073
0.012544	0.012254
0.049548	0.048415
0.188371	0.184283
0.611548	0.60129

像这种毫无征兆、完全依赖初始值的现象，如今已经可以使用超级计算机预测出来了。

接下来，就用数列模拟一下这个现象。我们把"0.3"和"0.30001"带入本小节开头的二次函数中进行反复计算。

分别把 a_1=0.3 和 a_1=0.30001 代入 $a_{n+1}=4a_n(1-a_n)$ 中计算。

通过观察可以发现，大概从第 15 个数值开始，仿佛变成了完全不同的数列。根据这个趋势，大家应该能够理解一开始的那些现象了。这个用二次函数建造的数列，也用于预测昆虫数量等实验中。

对数

$\log_a x$ 是表示 a 的几次方等于 x 的式子。

$$\log_2 8 = 3$$

表示的是 2 的 3 次方等于 8。

$$a^x = b \longleftrightarrow x = \log_a b$$
指数的底同时也是对数的底。

$\log_a 1 = 0$

$\log_a a = 1$ $\qquad \log_a \dfrac{1}{a} = -1$

$\log_a M + \log_a N = \log_a MN$

$\log_a M - \log_a N = \log_a \dfrac{M}{N}$

$n \log_a M = \log_a M^n$

▼ 对数使计算变得简单

  "**对数**"中有很多公式，相信大家在高中学习对数的时候，一定都苦不堪言。然而反过来想，公式多也有一个好处，那就是如果大家将这些公式都背了下来，那就拥有了很多解题的好帮手。

  那么，拥有这么多公式的对数，到底是谁发明的呢？答案就是活跃于 16~17 世纪的苏格兰数学家、物理学家约翰·纳皮尔（John Napier）。

　　纳皮尔专门为了那些不擅长九九乘法表的人，发明了一种名为"纳皮尔筹"的计算工具。事实上，对数也同样是为了使计算变得简单而发明的。

　　在开始对数的研究之前，首先必须要清楚它的定义。那些嘴上说着学不会对数的人，大抵都没有好好记住对数的定义，而是仅仅记住了对数的公式。其实，对数的定义非常简单，$y=\log_a x$ 的意思就是，a 的 y 次方等于 x。

　　接下来，就一起来练习一下。请问，$\log_2 8$ 等于多少？这就是在问"2 的几次方等于 8"，这一眼就能看出来，答案为 3。对数的计算其实就是求幂的计算。这种计算，大家小学时应该就做过了，所以那些说学不会对数的人，大概是缺乏了练习计算的阶段。

　　在对数的公式中，有时等式右边的乘法和除法，可以转化为左边的加法和减法。有可能是纳皮尔觉得这样计算会变得更加简单。然而，变换成对数的过程就已经十分烦琐了，所以难度也并不小。

　　顺便提一句，在我还是学生的时候，学校里有一种通过移动棍子来进行乘法运算的名为计算尺的道具，这也是一种应用了对数概念的计算工具。

▼ 轻松驾驭庞大数值的道具

我们称对数 $\log_a x$ 中的 a 为对数的"底数"。根据对数的使用方法不同，底数 a 的数值也会发生变化。一般人们经常使用的是，当 $a=10$ 时，**以 10 为底的对数称为常用对数 ❶**。使用常用对数，可以将数字转化成像 $\lg 10=1$、$\lg 100000=5$、$\lg 100000000=8$ 这样，瞬间 1 亿就转化成了数字 8。

因此，在面对庞大的数值时，使用对数会把计算变得十分简单。例如，面对世界人口数 70 亿，直接计算肯定不行。而在考虑人口因素时，经常会用到微积分，所以此时的底数一般会使用大家在高中学过的 $e=2.7\cdots$ 这个数。对了，这个数也是纳皮尔发明的。

此外，在表示地震的震级大小时，也经常会用到常用对数。这是美国地震学家查尔斯·里克特（Charles Richter），受到日本地震学家和达清夫提出的最大震度和震心距离的图像概念的启发后发明的。虽说有好几种不同的标准，但是这些标准都运用了常用对数的知识。

震级与地震能量成对数关系，可以用里克特提出的公式 $MI=\lg A$ 来表示。里氏震级 MI，是由距离震中 100 km 处的观测点伍德·安德森地震仪记录到的地震波最大振幅 A

---

❶ 以 10 为底的对数，记为 $\lg x$，如 $\log_{10} 8 = \lg 8$。

的常用对数演算而来。地震越大,震级的数字也越大。震级每增加 1 级,地震波的最大振幅约增加 10 倍;震级每增加 0.3 级,地震波的最大振幅约增加 2 倍。换句话说,震级即使只有小幅地增加,通过地震释放的能量也会呈几何倍数增长。如今,人们使用的震级标准,虽然是原来里氏震级的改良版,但仍然运用了常用对数的知识。

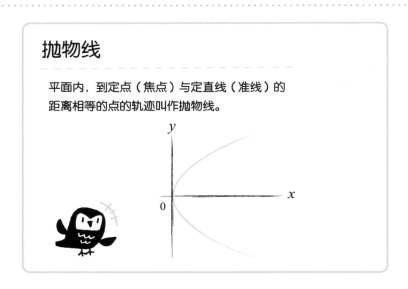

抛物线

平面内，到定点（焦点）与定直线（准线）的
距离相等的点的轨迹叫作抛物线。

▼ 抛物线的性质

在本章的第 1 小节中，我们提到了地球的公转轨道是
椭圆，太阳正好处于两个焦点的其中一个上。只有在定义
这三种二次曲线（椭圆、双曲线、抛物线）时，我们会用
到焦点的概念。

请大家参照下一页的图，点 F 为焦点，直线 L 为准线。
与拥有椭圆公转轨道的地球不同，当彗星因为某种理由被吸入太阳的重力圈时，经常会产生这种类似抛物线形的轨道。如此一来，这些彗星先是会接近太阳，然后就会转身奔向宇宙深处，再也不会回来。

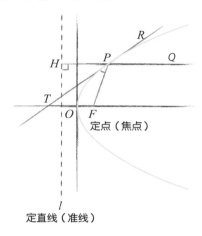

定点（焦点）

定直线（准线）

看到焦点这个词，不知道大家有没有联想到什么其他的东西呢？像放大镜等物品，使用凸透镜聚光，光束聚集的那一点就被称作**"焦点"**，从透镜到焦点的距离被称作**"焦距"**。之所以使用同一个词，必定是有原因的。简单来说，平行射入抛物线的反射镜（抛物面镜）的光线，经过反射最终会聚集于焦点。此"焦点"正是抛物线的轨迹中定义的"焦点"，而抛物面镜的顶点与焦点的距离就是焦距。

关于这些光线是如何聚集于一点的证明，由于太过复杂，所以暂且省略。但是，只要参照上图，就能够大致明白光线是如何反射的。经平面镜反射的光线，其入射角与反射角必定相等。但由于抛物面镜是一个曲面，所以此处应该要考虑光线照射的那一点的切线。光线照射到切线之后再进行反射。如图所示，$\angle QPR = \angle FPT$ 显示的就是入射角与反射角的关系。所有平行照射进抛物面镜的光线都有此关系成立。

也就是说，经过抛物面镜反射的平行线，必定会汇集于焦点 F。现实中，反射望远镜就是根据这个抛物面镜性质制作出来的。

▼ 折射望远镜与反射望远镜的区别

● 反射望远镜的原理

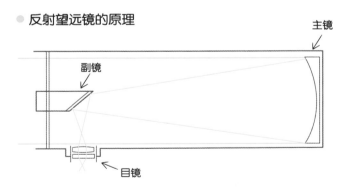

望远镜的种类有很多。折射望远镜是一种使用透镜做物镜，利用屈光成像的望远镜。由于需要光线穿过透镜，所以透镜的材料必须要像玻璃一般质地均匀，且透明度极高。这种类型的透镜，制作成本极高，而且这些具有厚度的透镜还必须常年处于一定温度，这样才不会导致膨胀或者紧缩现象的发生，这一点也是相当困难的。

但是，这一点只需要在抛物面镜中组装上反射镜，就无须让光线通过透镜了。只需制作出大小适宜的抛物面，然后将反射镜镶嵌在其中就能解决这个问题了。

当然，虽然这也并非一个简单的过程，但是，比起制作厚厚的凸透镜来说，已经算是性价比非常高的方法了。

此外，由于焦距与目镜可以决定这台望远镜的倍率，因此，只要增大透镜或者反射镜的直径，就能够增加焦距，从而达到增大倍率的效果。

折射望远镜（物镜的焦距 ÷ 目镜的焦距）
反射望远镜（主镜的焦距 ÷ 目镜的焦距）

换句话说，相对于折射望远镜，反射望远镜的主镜造价更低，建造大型的望远镜的性价比也就越高。原来，反射望远镜还有这种优点呢。

对了，抛物面天线（Parabolic antenna）也是根据将电波汇集到焦点的原理制作而成的。Parabola 的中文意思就是抛物线。

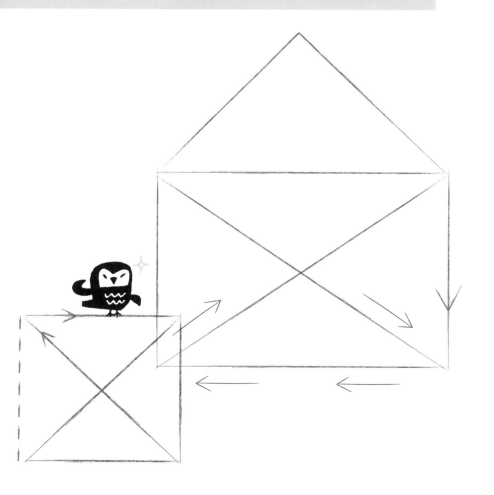

费马最后的定理（大定理）

对于 3 以上的自然数 n 来说，关于 $x^n + y^n = z^n$ 的方程没有 (x, y, z) 的正整数解。

费马小定理

如果 p 是一个质数，而整数 r 与 p 互质，则有 $r^{p-1} \equiv 1 \pmod{p}$ 成立。

▼ 费马定理到底有什么用？

一提到费马这个名字，很多人的脑海里首先浮现出的，应该就是他的最后的定理（大定理）了。有大定理，也就存在"费马小定理"。在日本的高考数学题中，还偶尔会出现该定理的影子。

其实，这两个定理的内容，说的都是数论中的概念，内容也比较生僻。特别是费马大定理，至今也没有什么实际的应用。

那么，"费马大定理"到底为何会如此受到世人的关注呢？我认为，原因是这个定理"看起来似乎很简单，但是却证明不出来"。

令大定理中的 n 等于 2，$x^2+y^2=z^2$ 就变成了勾股定理。满足方程的解 x，y，z 其实就是满足勾股定理的三个自然数（勾股数）。这种数从古巴比伦文明开始就不断被发现了。然而，当 n 由 2 变成了 3，人们就再也找不到满足这个方程的解了。虽然看上去十分简单，但即使古往今来的数学家们前赴后继地挑战，依然没有人能成功证明。

这个定理是正确的，确实不存在这样的自然数解，那这个定理可以运用到什么地方呢？遗憾的是，好像并没有什么用武之地。如果定理的内容是"〇〇存在"，那说不定还能利用这个存在的东西做一些什么事，但是这个定理的内容不存在，自然什么也做不了。然而，虽然没有什么实用性，但不可否认的是，费马大定理有着一种不可思议的魅力吸引着人们前去证明。

虽说没什么实际用途，但人们在证明这个大定理的途中，无形推动了各种各样研究的发展，如"代数几何学""椭圆曲线"等领域。当然，并不是说这些领域是仅靠证明费马大定理才发展的，但毫无疑问由此得到了一个发展的契机。如今，人们已经成功使用代数几何和椭圆曲线的理论证明出了费马大定理。

▼ 费马的真正实力

在看完一部电影或电视剧后，人们在一段时间内不管在什么地方看到参演其中的演员，就会不由地想起他演的角色。费马也同样如此。一般来说，人们对费马的印象就是"费马大定理"，可事实上，他还有许多其他的发现。他对人类做出的贡献远远不止这两个定理那么简单。然而，这些却不被世间的大多数人所知，究其原因，就是他基本上没有出版过什么著作。所以，人们只能通过他曾经写过的信，了解他的生平。

那么，费马到底是一个什么样的人呢？据史料推测，皮埃尔·德·费马（Pierre de Fermat）于1607~1608年出生于法国南部的一个叫作博蒙的小镇。从图卢兹大学毕业后，他于1631年就任图卢兹议会的参议员。那个时代的议会就相当于我们现在的法庭，费马在那里一直工作到1665年去世。

说起与他生活在同一时代的天才，最为人熟知的应该就是笛卡尔了。可以说，费马在数学上的造诣绝不低于笛卡尔，他们不约而同地引入了"坐标"的概念，成功地用代数方程表示出了曲线。比如，将圆用代数方程的形式表示出就是二次方程。反过来说，将方程画在坐标上，得到的图形就是圆。

　　像这种使用代数方程研究图形的方法，人们称之为"解析几何学"。虽说如今一般认为坐标是笛卡尔最先发明的，但其实在历史上，费马也是独自创造了坐标，并利用坐标研究过曲线。

　　不仅如此，费马对微分的发展也有着巨大的贡献，是他首次使用切线来研究曲线的凸凹部分。这种"微分是切线的斜率，积分是面积"的想法，一直到今天，仍旧是高中生们的必修内容。再考虑到他发明坐标的事情，可以毫不夸张地说，费马就是近代微积分诞生的奠基人。

　　而继承了费马的这些学术成果，并将其发扬光大的，正是那位站在巨人肩膀上的牛顿。

一笔画的判定方法

某个图形是否能够一笔画成的充分必要条件，是需要满足以下任意一个条件：

· 所有的端点均为偶点（端点连接的线条数为偶数）；
· 奇点为 2，剩余端点均为偶点。

欧拉将这个问题转化成为了下列的图形。

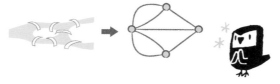

▼ 图论的黎明

历史上，有一个名为哥尼斯堡的城市，它现在的名字叫作加里宁格勒，是东普鲁士的一个古朴小镇。小镇中央有一座名为奈佛夫岛的小岛，普雷格尔河的两条支流环绕其旁，并将整个小镇分成 4 个区域，

这条河上一共架了 7 座桥。小镇上有人想试着看能不能找到仅通行每座桥一次，就能走遍这 7 座桥的路径，可试了半天，结果谁也找不到这样的路径。于是，有人就认

为不可能有这样的路径。而最终使用数学手段证明这个主张，就是大名鼎鼎的数学家欧拉。

莱昂哈德·欧拉（Leonhard Euler）是出生于瑞士的伟大数学家。他应当时俄国学会的邀请去到圣彼得堡科学院。在那里，欧拉创作了大量的学术论文，甚至因为醉心于书写论文，导致视力急剧下降，几近失明。

其中，欧拉在 1736 年发表的论文中，一举证明了哥尼斯堡七桥问题。当时，他说道："这将使得一个新的几何诞生。"在此之前的几何，研究中心大抵是测量物体的长度或者面积。而欧拉当时思考的已经超出了传统几何的范围，是如今被人们称作"拓扑学"的全新几何学。

在欧拉发表的论文中，使用的方法是接近图论（在之前的四色问题中也提到过）的几何理论，其中心思想是不考虑图形的面积，仅考虑图形的相接。而这篇学术论文，也被人们认为是关于图论的第一篇论文。在数学领域中，一个学术分支的开始，并非总是清晰可辨的。然而，"图论是由欧拉的一篇论文引发"的共识却十分清晰地留在了所有人的脑海里，十分宝贵。

▼ 巨人欧拉的解法

哥尼斯堡的桥和河流将小镇分成几块的情况，可以使用本小节开头的"图"的形式来表现。因为七桥问题与面积无关，所以将各个地区视为点，将桥视为连接各点的线。

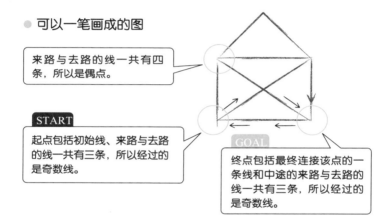

● 可以一笔画成的图

来路与去路的线一共有四条，所以是偶点。

START
起点包括初始线、来路与去路的线一共有三条，所以经过的是奇数线。

GOAL
终点包括最终连接该点的一条线和中途的来路与去路的线一共有三条，所以经过的是奇数线。

仅通行每座桥一次，就走遍所有的桥，转化成几何问题就是一笔画问题。而一笔画成图形的成立条件，并没有那么难。这里需要考虑的是与点相连的线条的数量问题。顺便说一下，线条无论经过几次端点都没有问题。

经过的线条为偶数的点为**"偶点"**；反之，为**"奇点"**。

在一笔画的过程中，一条线在经过某个端点后，必须要从另一个方向再走出去。因此，各个端点的来路与去路必须要成双成对。换句话说，想要一笔画成一个图形，经过端点的线条必须为偶数。奇数线条代表的意思是，除了来路和去路的线条之外，还必须再加上一根线条（或者是最终一笔）。

● 无法一笔画成的图形

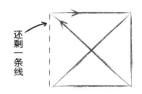

还剩一条线

在一笔画的问题中，一个端点但凡有线条进入，则一定会有线条出去。只有起点与终点是例外。在上述图形中，除了进入的线条与出去的线条外，又剩了一条线，如果将其相连，可以发现该图形一共有四个奇点，所以无法一笔画成。

这种情况下，如果起点与终点是同一点，那么端点也会是偶点。而如果起点与终点不是同一点，那么该图形就有起点与终点这两个奇点。

综上所述，判断一个图形能否一笔画成的条件是："该图形没有奇点，或者仅有 2 个奇点。"而哥尼斯堡七桥问题中的四个端点均为奇点，由此得出结论，该图形无法一笔画成。

在现代，图论经过高速发展，包含的内容已经远超当初的一笔画问题。例如，在计算机内部的文件系统的连接方式、大脑中神经纤维单元相互连结的方法、高楼大厦内部的配线方法等各种领域，图论都作出了不可磨灭的贡献。图论以解决四色问题为起始，如今已经成为拥有众多实际应用事例的重要理论。

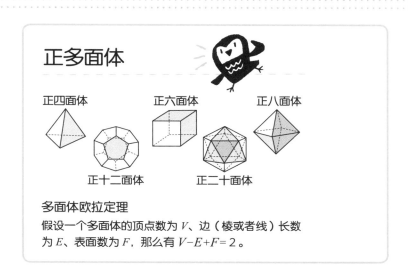

正多面体

正四面体　　　　正六面体　　　　正八面体

正十二面体　　　正二十面体

多面体欧拉定理
假设一个多面体的顶点数为 V、边（棱或者线）长数
为 E、表面数为 F，那么有 $V-E+F=2$。

▼ 神圣的五种正多面体

　　这世上有各种各样的立体图形，其中正多面体的形状
尤为漂亮。在生物的进化过程中，对称性高的图形往往能
够提供更强的平衡感。因此，在人类的血液中，存有追求
对称性美感的天性也并非一件不可思议的事。

　　正多面体的定义有三个。在普通的定义里，一般不会
提到第三个条件，但由于凹多面体的存在，为了追求严谨
就加上了。

1. 每一个面都是由全等正多边形组成。

2. 每个顶点都有同数棱。

3. 是凸多面体。

满足这些定义的正多面体只有五个。这一点，在公元 3 世纪时人们就已经知道了。甚至还有学者称，这个理论可能已经被当时的泰阿泰德和毕达哥拉斯成功证明了。也许，只有五个种类的事实，也是正多面体长期以来受人重视的原因之一。

柏拉图对这五种正多面体抱有十分特殊的情感，他甚至还认为这些立方体是创造当时世界的四大元素之一。特别是其中的正十二面体，柏拉图甚至暗示过它是宇宙的起源。

就连大名鼎鼎的开普勒，都以这世上只有五种正多面体为证据，主张太阳系中仅存在五个行星。当然，这在后来已经被人们证明了是无稽之谈。不过，可想而知，正多面体在当时人们的心中占据了多么神圣的位置。

▼ 试着证明一下正多面体的数量

接下来，就试着用中学学过的整数的性质，和多面体欧拉定理来证明一下世上只存在五种正多面体的命题。多面体欧拉定理讲的是多面体的面、棱和顶点个数的关系。

其实，只要数一数纸上画的多面体就能形象地理解这个定理了，我们可以自己动手，找一些简单的多面体进行确认。通过定义我们可以知道，正多面体是由组成面的棱数，也就是正 M 边形的 M，和一个顶点拥有的棱数 N 决定的。

　　让我们来证明一下。通过多面体欧拉定理，我们已知当一个多面体的顶点数为 V、棱的条数为 E、表面数为 F 时，会有以下方程式成立：

$V-E+F=2$ 　　　　　　　　　　　　　　（1）

　　把这个条件用到正多面体中。正多面体的一个表面（正多边形）由 M 条棱组成。而一个正多面体有 F 个表面，因为两个相邻面有一公共棱，关于正多面体的棱数，有以下等式成立：

$MF=2E$ 　　　　　　　　　　　　　　　（2）

　　一条棱有两个顶点。此处为 V 个顶点和 N 条棱，由此可知 VN 是棱数的两倍，也就有以下等式成立：

$NV=2E$ 　　　　　　　　　　　　　　　（3）

　　根据式（2）、式（3）的等式，可以将 F 和 V 用 E、M、N 表示成如下形式：

$$F=\frac{2E}{M}, \quad V=\frac{2E}{N}$$

再代入式（1）当中可得：

$$\frac{2E}{N}-E+\frac{2E}{M}=2$$

等式两边同时除以 E，可得：

$$\frac{2}{N} + \frac{2}{M} - 1 = \frac{2}{E} \quad \therefore \frac{2}{N} + \frac{2}{M} = 1 + \frac{2}{E}$$

又因为 $\frac{2}{E} > 0$，可知 $\frac{2}{N} + \frac{2}{M} > 1$。不等式两边同时乘以 MN 可得 $2M + 2N > MN$，即 $MN - 2M - 2N < 0$。

最后，只需要求出所有满足这个不等式的自然数 M 和 N 即可。这个不等式，可以根据中学教科书中出现过的整数的性质进行求解。首先，通过观察我们可以发现，不等式的左边可以变成（$M-2$）（$N-2$）的形式。不过，变形后的项展开后比变形之前要多 4，所以我们要把等式右边的 0 变为 4。整理之后可以得到如下的式子：

$$（M-2）（N-2）< 4 \tag{4}$$

M 代表的是正 M 边形中的 M，所以 M 为 3 以上；N 代表的是正多面体的顶点拥有的棱数，所以 N 也为 3 以上。然后，只要求出同时满足这个条件和不等式（4）的 M、N 即可。同时满足这两个条件的组合并没有很多，所以只需要一个个试就好了。试算的内容如图所示。

M	3	3	3	4	5
N	3	4	5	3	3
$M-2$	1	1	1	2	3
$N-2$	1	2	3	1	1
（$M-2$）（$N-2$）	1	2	3	2	3

　　求出的 M 和 N 的组合如下所示：

　　$(M, N) = (3, 3)$，$(3, 4)$，$(3, 5)$，$(4, 3)$，$(5, 3)$

　　看到这五个组合，应该立马就能联想到本小节开头的正多面体的图了，分别是正四面体、正八面体、正二十面体、正六面体、正十二面体。其实，对于正多面体只有这么几种这件事，我也一直感到很不可思议。

证明

通过几种公理，具有逻辑性地推导出
某个命题是正确的过程。

▼ 哲学家亚里士多德的证明

　　一个人如果想只用一种思考方式去理解现实世界，那么他有很大的可能会失败。比如说，某些宗教团体的教义中就经常会有一些自我矛盾的内容。

　　毕达哥拉斯学派的教义"万物皆数也"就与勾股定理相违背。教义中的数，指的是自然数与它们之间的比（类似 $\frac{2}{3}$ 或 $\frac{5}{6}$ 等分数）。换句话说，如果"万物皆数也"这句话是正确的，也就是说，我们所处的这个世界是仅由自然数和分数组成的。

　　然而，根据勾股定理可知，三角形的边长有可能是 $\sqrt{2}$

或者 $\sqrt{3}$ 。这些是用自然数之比都无法表示出的无理数。

无理数指的是小数点后的数无限不循环的数。也就是说，这种数的长度无法被准确地测量。因此，过去一些建筑行业的人员，都不喜欢使用那些长度为无理数的图形。

那么，是谁第一个找到这种无法用自然数之比（分数）来表示的数的呢？原来，第一个成功证明出有这种数的人，是古希腊的哲学家亚里士多德。亚里士多德的证明十分烦琐，无法直接在此表示。所以，在此仅介绍与之方法相同的，数学书中出现的证明方法。

"证明 $\sqrt{2}$ 是无理数"的方法是，先否定" $\sqrt{2}$ 是无理数"的结论，假设 $\sqrt{2}$ 是有理数。根据有理数的性质可知，可以用自然数之比，或者分数之比来表示，如下：

$$\sqrt{2} = \frac{m}{n}（m \text{ 和 } n \text{ 为自然数且互质}）\qquad（1）$$

此处出现了一个词语叫作**"互质"**，这句话的意思是，**m 和 n 的公约数只有 1**。

否定结论的步骤已经完成，接下来的任务是找到矛盾所在。

我们先将等式（1）的两边都平方，可得：

$$\frac{m^2}{n^2} = 2 \quad \therefore \ m^2 = 2n^2 \qquad\qquad（2）$$

因为 m^2 等于 2 倍的 n^2，所以 m^2 肯定是偶数。平方等于偶数的数自然也是偶数，所以 m 为偶数。又因为一个偶数必定是另一个偶数的 2 倍，此处再假设一个自然数 k，令

$m=2k$。将这个条件带入式（2）可得：

（$2k$）$^2=2n^2$ ∴ $4k^2=2n^2$ ∴ $2k^2=n^2$

同理可以得知，n 也为偶数。根据以上推导可以得知，m 和 n 同为偶数，所以它们之间必定有一个为 2 的公约数。这个结论与"m 和 n 的公约数只有 1"，也就是它们互质的前提相矛盾。

综上所述，$\sqrt{2}$ 是无理数。

▼ 反证法的界限

亚里士多德的这个证明使用的是反证法。然而，这个证明本身过于抽象，所以很难根据这个证明来证实亚里士多德就是无理数的发现者，但至少可以说明已经有人隐约摸到了无理数的门槛了。如今，人们公认的无理数的发现者，是毕达哥拉斯学派的希帕索斯 (Hippasus)。顺便提一下，他使用的是图形的证明方法。

反证法这种证明方法，在数学领域是一个十分强有力的手段。

只要否定结论，找出矛盾，就能推导出否定的结论是错误的，原来的结论是正确的。这是因为数学领域的理论有一个特征，那就是非"真"即"伪"。假设命题为伪命题，只要找出矛盾所在,就能推导出原命题为真命题。这也可以称为数学理论的界限。

在现实社会中,真或伪不但会根据当时的社会形势而发生改变,也不会有类似"虽然不是很正确,但是眼下的情况只能这么做"的真伪之间的灰色领域存在。与之相反,在数学领域中,命题非真即伪命,真伪之间有着清清楚楚的界限。现实社会则鲜有这种事情发生,就好像是在"通货膨胀的时代",也会有降价的东西一样。

OECD❶对通货膨胀的定义是,所有物价在两年时间内都上升。然而对这件事情的调查十分困难。有时候,数学中的理论与现实中的感觉和思维并不是一致的。即使在数学领域中判断出真或伪,也并不能作为现实社会中判断真伪的标准。

经常有人会说,数学专家们说话好像很有道理,我却不敢苟同。数学研究的是事实与现象,仅靠有道理是不适合做数学研究的。仅仅讲道理的话,谁都能懂。如果加上事实因素后,有些东西仅靠道理是无法理解的,还必须拥有能够直接把握现实的能力。

事实上,我的身边也从未有过爱死抠道理的数学家。

---

❶ 一般指经济合作与发展组织,英语是 Organization for Economic Co-operation and Development。——译者注

反证法对于类似"$\sqrt{2}$ 是无理数"这种命题的证明十分有效。然而，在进入二十世纪之后，这种证明方法却碰到了前所未有的壁垒。这壁垒就是当人们使用反证法证明某函数存在的情况。按照老办法，先否定函数的存在，再推导出矛盾，就可以证明这个函数是存在的。然而，这个存在的函数，到底是什么呢？这一点用反证法永远都无法求出。

当你想要使用一种方法来证明某种事物存在时，这个事物应该要有它存在的理由，要不然就和不存在是一样的。特别是在"想要这样的函数"时，正常来说应该是去创造这样的函数 ❶。这一点是仅使用反证法无法办到的。由此可见，就算是再强大的证明方法，也有其有效范围，适用于任何事物的万能的证明是不存在的。

---

❶ 而不是仅仅去证明它的存在。——译者注

数学归纳法

证明当 n 等于任意一个自然数时，命题 $P(n)$ 都成立的方法。

1. 证明 $P(1)$ 成立。

2. 证明对任意自然数 k 来说，都有 $P(k)$ 成立 且能推导出 $P(k+1)$ 也成立。

3. 从 1 和 2 的证明步骤，可以得出当 n 等于任意一个自然数时，命题 $P(n)$ 都成立的结论。

▼ 大家都讨厌的 "数学归纳法"

与反证法相同， "数学归纳法" 也 "荣获" 中学生们最讨厌的数学概念之一。

绝大部分的定理，表示的都是无穷个数的相关性质。如果需要对应每一个项进行证明，那可能到世界末日都完不成了。例如，有个仅适用于某一个等腰三角形的定理，对其他等腰三角形都不适用，那就必须要使用所有等腰三角形都成立的性质来证明。

同理，对于无穷个数来说，要怎么一次就证明出类似下一页（P）的等式呢？这个等式中只有奇数的加法运算。

● **奇数之和**

请证明对于任意自然数 n，都有下列等式成立。

（P）$1 + 3 + \cdots + (2n - 1) = n^2$

（Ⅰ）当 $n = 1$ 时，

（P）的左边 $= 1$ 且（P）的右边 $= 1^2 = 1$

因此，$n = 1$ 时，（P）成立；

（Ⅱ）当 $n = k$ 时，假设（P）成立。

即 $1 + 3 + 5 + \cdots + (2k - 1) = k^2$ 成立。

此时，再考虑 $n = k+1$，即可得到如下等式：

$1 + 3 + 5 + \cdots + (2k - 1) + (2k + 1)$

$= k^2 + (2k + 1)$

$= (k + 1)^2$

因此，$n = k+1$ 时，（P）也成立。

综上（Ⅰ）（Ⅱ）所述，我们用数学归纳法证明出了对于任意自然数 n 来说，（P）都成立。

仔细观察上述题目，我们可以发现其中只使用了加法运算。而如果使用一般的加法来验证该等式是否成立，则需要将这些数一个个相加之后再进行确认。像这种以无穷个数为对象的等式（P），是永远不可能以人类有限的时间证明出的。这种时候，使用"**数学归纳法**"就能收获奇效。

看到这里，有些读者可能会问：为什么使用数学归纳法，就能证明所有的自然数了呢？原因是，数学归纳法的第一阶段，就是证明当 n 为最小自然数时，定理成立，上述的情况就是 $n=1$ 时，等式成立。然后，再证明对于所有

的自然数 k 来说，都有"如果当 $n=k$ 时，（P）成立，那么当 $n=k+1$ 时，（P）也成立"。此处是从所有的自然数当中选取了一个 k 做假设。

● 数学归纳法就如同多米诺骨牌

第 $n = k +1$ 张牌　　　　　　第 $n = k$ 张牌

如果第 $n = k$ 张牌倒了，
那么第 $n = k +1$ 张牌也会倒。
这就是证明当 $n =1$ 时等式成立的
证明 $n = k +1$ 等式也成立的步骤。

推倒第 1 张多米诺骨牌。
这就是证明当 $n=1$ 时等式成立的
步骤。

当 $n =1$ 时，（P）为 $1=1^2$
当 $n =2$ 时，（P）为 $1+3=2^2$
当 $n =3$ 时，（P）为 $1+3+5=3^2$
　　　　　　　　　　↑
　　　　$2n-1$ 在 $n =1$ 时等于 1
　　　　　　　　 $n =2$ 时等于 3
　　　　　　　　 $n =3$ 时等于 5
　　　　　　　　　⋮

就相当于证明了
全体自然数都满足这个
等式。

说到底，"从所有的自然数 k 中选取一个数，假设如

果当 $n=k$ 时，定理成立，那么 $n=k+1$ 时，该定理也成立"
这件事，仅仅是假定对于某个自然数 k 来说，该定理成
立，并不是假定对于所有的自然数 k 来说，都有该定理
成立。

此处仅仅是假定当 $n=k$ 这一个数时，如果定理成立，
证明当 n 等于下一个数 $k+1$ 时，该定理也成立，所以这并
不算直接使用该定理的结论进行证明。

那为什么这样证明就有效呢？通过第一阶段，我们知道
当 $n=1$ 时，定理成立。在第二阶段，如果假设 $k=1$，那么我
们已经证明了 $k+1$ 时，定理也成立，也就是说 $k=2$ 时，定理
也成立。而如果 $k=2$ 时，定理成立，同理，$k=3$ 时定理也成立。

如此无穷无尽地往复，即可证明出所有自然数都满足
该等式了。这个过程仿佛是一个多米诺骨牌，只需要推倒
第 1 张牌，之后所有的牌都会被前一张牌撞倒。

在所有的数中，即使是构造最简单的自然数，也有着
无穷个数的要素。因此，在与这些数打交道时，人们必须
要拥有能够持续无限重复的手段。这就是"数学归纳法"。

数学领域中，人们会对一切研究对象进行定义。像在
研究自然数时，会有"称○○为自然数"的描述。事实上，
在自然数的定义中，也包括了"数学归纳法成立"这样的
内容。换句话说，有数学归纳法成立的数即为自然数。因

为先贤们已经证明了自然数系统的无矛盾性 ❶，所以大家大可安心地使用数学归纳法。甚至可以说，数学归纳法就是专门为自然数的性质而生的一种证明方法。

---

❶ 这个问题由德国数学家希尔伯特在 1900 年提出，数学家哥德尔在 1958 年成功证明。——译者注